园林景观必修课

园林建筑、小品设计与施工

易红仔　郑建强　邹华珍　主编

U0387624

化学工业出版社

·北京·

内 容 简 介

本书按照教育部高职高专园林相关专业教学基本要求和世界技能大赛园艺赛项相关要求，参照施工员、园林绿化工等职业技能标准，及《园林绿化工程施工及验收规范》（CJJ82—2012）等行业标准，紧密结合园林岗位的技能要求，以培养高素质的技能型园林技术人才为目标，将园林建筑及小品的设计与施工充分融合，对亭、廊、花架、桥、景墙、树池花池、园凳座椅等园林建筑、小品的设计与施工进行详细介绍。本书图文并茂，配备相应的施工图纸，系统性强，并结合企业案例、职业技能竞赛优秀作品案例、优秀毕业生完成的项目案例等进行施工工艺的讲解，突出岗位性、专业性、实用性。

本书为高职高专院校、五年制高职院校、本科院校开办的职业技术学院、应用型本科院校、成人教育院校中开设的园林工程技术、园林技术、园林等专业的教材，也适用于中职院校相关专业，也可作为园林从业人员的业务参考书及培训用书。

图书在版编目（CIP）数据

园林建筑、小品设计与施工 / 易红仔，郑建强，邹华珍主编. —北京：化学工业出版社，2023.5
（园林景观必修课）
ISBN 978-7-122-43029-8

Ⅰ. ①园… Ⅱ. ①易…②郑…③邹… Ⅲ. ①园林 - 工程施工 - 高等职业教育 - 教材 Ⅳ. ① TU986.3

中国国家版本馆 CIP 数据核字（2023）第 039631 号

责任编辑：毕小山		装帧设计：王晓宇
责任校对：边　涛		

出版发行：化学工业出版社（北京市东城区青年湖南街13号　邮政编码100011）
印　　刷：三河市航远印刷有限公司
装　　订：三河市宇新装订厂
710mm×1000mm　1/16　印张17½　字数339千字　2023年6月北京第1版第1次印刷

购书咨询：010-64518888　　　　　售后服务：010-64518899
网　　址：http://www.cip.com.cn
凡购买本书，如有缺损质量问题，本社销售中心负责调换。

定　　价：98.00元

编写人员名单 ────────────────────

主　编： 易红仔　郑建强　邹华珍

副主编： 邹梦扬　刘　娟　邓建红
　　　　　王秋炎（江西省空间生态建设有限公司）

参　编： 李加庆　张　铭　付圣嘉　郑丽娟
　　　　　杨远东　王怡婉　钱立华　黄　凯

"园林建筑、小品设计与施工"是一门涵盖设计、工程、艺术、技术的综合性课程，是园林工程技术、园林技术、园林等专业的重要课程。本书编者结合多年的教学和实践经验，进行了大量的资料整理总结。对照园林产业发展特点与生产流程，遵循与园林行业岗位需求相结合的原则进行编写。

本书的内容体现设计与施工相结合的理念，围绕专业技能型人才成长规律和职业特点，从园林工程师的"工作领域"引出课程的"学习领域"，结合园林工程师职业标准要求，分别对亭、廊、花架、桥、景墙、树池花池、园凳座椅七大类园林建筑及小品的设计要点、施工图的绘制要点、施工流程、施工技法等内容进行了详细讲解，引用企业案例、职业技能竞赛优秀作品案例、优秀毕业生完成的项目案例作为教材设计案例，突出职业性、专业性和技能性，让学生能够全面掌握园林建筑、小品的设计要点和施工技巧。

本书由江西农业工程职业学院易红仔、郑建强、邹华珍担任主编，邹梦扬、刘娟、邓建红以及江西省空间生态建设有限公司高级工程师王秋炎担任副主编，多名江西农业工程职业学院的一线教师参与编写。其中，易红仔编写树池、花池的设计，郑建强编写桥，景墙，树池、花池的施工，邹华珍编写亭、廊、花架的施工，邹梦扬编写廊、桥的设计，刘娟编写亭的设计，邓建红编写景墙的设计，王秋炎编写园凳座椅的施工、桥的施工，李加庆编写花架的设计，张铭编写园凳座椅的设计，付圣嘉、钱立华负责施工案例图纸整理，郑丽娟、杨远东、王怡婉、黄凯负责设计案例、图片的整理。全书由易红仔统稿。

本书在编写过程中参考了国内外有关著作、论文、互联网资源，在此谨向相关作者深表谢意。由于编者水平有限，加之时间仓促，书中难免有疏漏之处，敬请广大读者给予批评指正。

本书附赠的园林建筑、小品施工图纸可扫描下方二维码获取。

编者

2022 年 9 月

目录 CONTENTS

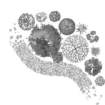

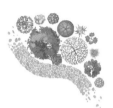

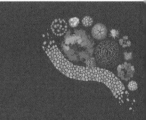

第1章

亭的设计与施工

1.1 亭的含义及功能

1.1.1 亭的含义

亭，古代特指一种有顶无墙的小型单体建筑物，是供人停留休憩的场所。《说文解字》中提到："亭，停也，人所停集也。"水乡山村，道旁多设亭，供行人歇脚。它是园林中最为常见的建筑。

亭是园林建筑中最基本的建筑单元，其功能价值主要包括两个方面：实用价值和观赏价值。随着时间的推移和社会的发展，由早期注重实用价值转变为实用及观赏价值并重。汉代以前，立于城门之上的为"旗亭"，处于市肆之中的为"市亭"，建于行政治所的为"都亭"，筑于边关要地的为"亭障""亭隧"，都具有特定实用功能。而隋唐以后，随着园林的繁荣发展，亭成了园林中不可缺少的建筑物及园林元素。建于园林中的亭主要是供人游览和观赏之用，如王维辋川别业中的"临湖亭"，李德裕平泉别业中的"泉亭""流杯亭"，白居易家中的"琴亭"和"中岛亭"等。亭几乎成了园林中的主要景观建筑，并开始逐渐发展成为一种具有代表性的园林建筑形式，更是一种我国文学史中符号式的文学意象。苏东坡在《涵虚亭》中诗云："惟有此亭无一物，坐观万景得天全。"

亭在造型上相对小而集中，在园林中常与山、水、植物、铺装等组合设计，形成点景效果。亭的造型多种多样，玲珑而轻巧活泼，尽管它只是中国建筑体系中较小的一种建筑类型，但它却是"殚土木之功，穷造形之巧"。亭在平面形状、平面组合、屋顶形式、立面形式、材料选择以及细节刻画等方面要特色突出，避免千篇一律；除此之外，更要统观整个园林布局，结合具体地形、环境和设计理念，因地制宜，构成园中之景。

1.1.2　亭的功能

（1）实用功能

亭的实用功能随着社会的发展而不断产生变化。汉以前出现的旗亭、市亭、都亭、亭障等大都用于维护国家生活治安。魏晋时期，随着园林建筑的发展，逐渐出现了供人游览和观赏的亭。晋代兰亭被周维权先生认为是"首次见于文献记载的公共园林，自有其历史的价值……给予当时和后世的园林艺术以深远的影响"。《晋书·王羲之传》记载王羲之曾邀谢安、谢万、孙绰等人参加兰亭聚会，他们于兰亭饮酒赋诗，登亭远望，"仰观宇宙之大，俯察品类之盛"，将亭作为休憩娱乐观景的一个活动场所。发展至今，亭仍是园林中人们进行各种休憩娱乐活动及观景的首选之地。常常将亭布置在观赏景点的最佳位置，起到休憩和观赏结合的双重作用。除此之外，还可将其作为小卖部、图书展览、摄影、儿童游戏、公交车停靠等设施，更好地服务于大众。

（2）造景艺术功能

亭在园景中往往是亮点，丰富了园林设计内容，起到画龙点睛的作用。依照造园布局，将亭放置于出其不意的地方，给人眼前一亮的视觉效果。山巅设亭，可丰富山体的立体轮廓。山麓建亭，除了可形成相互呼应的观赏视线外，还能获得一个幽僻、清静的环境。临水建亭，清澈坦荡的水面给人以明朗宁静的感觉，而且能够丰富水景。平地建亭，可以作为一种点缀，与其他园林建筑组景而获得良好的造景效果。亭的艺术造型丰富多样，玲珑而轻巧活泼，特有的造型在平面布局以及立面效果上都能增加园林景致。

（3）组织空间

园林中除了山、水、植物等景观要素以外，还需要通过建筑来组织、划分全园的活动空间。亭作为园林建筑中最常见的形式，对园林空间的组织起着至关重要的作用。亭常作为划分一个景区的序幕，如岳麓山的爱晚亭，统筹着万山红遍、层林尽染的枫林区，即作为划分这一景区的序幕，形成与其他景区活动空间的界线。在峰回路转、山重水复疑无路时出现一座亭，就是为人们导游引景的，以此将人们引入下一个活动空间。亭也有成组布置成序列的，有的亭多面对称，无正侧面之分，常布置于景观轴线的转折处，或布置于两条甚至多条景观轴线的交点上，通过这种设计手法来对园林空间进行划分。

（4）文化功能

中国古典亭是极具中华民族特色的传统建筑，也是营造园林理念及文化的载体。我国古典园林景观中亭的文化内涵，即用近似拟人化的手法给亭取名、撰联来体现。亭有亭名犹如人有人名，一经命名便有了个性、特征及独立的精神。如北京的陶然亭，就以唐代诗人白居易的诗"更待菊黄家酿熟，与君一醉一陶然"得名，以亭明志。在园林设计过程中，设计师应当与文化学者通力合作，完成设计方案文化理念这一关键任务。

1.2 亭的特点

（1）虚空性

亭相对其他景观建筑最大的特点就是虚空，有顶无墙的建筑形式使得亭可全方位、多角度地与周围环境交流，成为最亲近自然的建筑。清代诗人许承祖在《曲院风荷》中云："绿盖红妆锦绣乡，虚亭面面纳湖光。"《中国艺术意境之诞生》中提到："中国人爱在山水中设置空亭一所。一座空亭竟成为山川灵气动荡吐纳的交点和山川精神聚积的处所。"这些均指出了亭虚空纳万境的特点。

（2）灵活性

亭的结构与构造虽繁简不一，但相对其他建筑，大多较简单，施工也比较方便。过去筑亭，通常以木构瓦顶为主，亭体不大，用料较少，建造方便。现在多用钢筋混凝土结构、预制构件、玻璃、塑料，及竹、石等地方性材料，也都经济便利。亭占地不大，小的仅几平方米，因此建造起来比较自由灵活。

（3）多样性

亭的体量不大，但造型却多种多样。从最初的四方亭，逐渐发展成为多角形、圆形、十字形等较复杂的形体，此外还有亭与亭的组合，亭与廊、墙、房屋、石壁的结合，以及在立体造型上（如出现了重檐、三重檐、二层的亭式等）进行创造，产生了极为绚丽多彩的形体，达到了园林建筑创作上的一个高峰。可以这样说：在世界园林建筑中，我国园林中的亭、廊、墙等这些园林建筑类型是最为丰富多样的，也是最富民族特色的，这是我国人民群众在长期实践中的创造，是我国传统艺术中一份可贵的遗产。到现在，亭的造型更是层出不穷，令人赞叹。

1.3 亭的分类

1.3.1 按亭的平面形式分类

亭的平面形式多种多样，没有绝对固定的样式，可随着地形、环境及其功能要求进行灵活设计。在中国古典建筑中，亭的最为常见的平面形式是简单的几何形，如正方形、矩形、圆形、正六边形、正八边形等，如图 1-3-1（a）所示；当然也不乏许多特殊的形式，如三角形、五角形、扇形，甚至梅花形以及海棠形等，如图 1-3-1（c）所示；在古典园林建筑中也有些小而精致的半亭形式，如图 1-3-1（b）所示；在布局环境较大的情况下，一般还可采用两种以上的几何亭进行组合来营造亭的建设规模，渲染气势，如图 1-3-1（d）、图 1-3-1（e）所示。

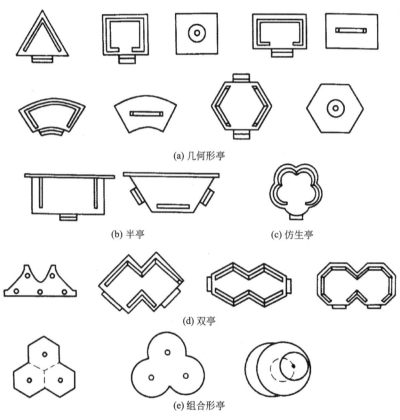

(a) 几何形亭

(b) 半亭　　　　　(c) 仿生亭

(d) 双亭

(e) 组合形亭

图 1-3-1　亭的平面形式

1.3.2　按亭的屋顶形式分类

中国古典建筑的特征之一就是屋顶形式。亭的屋顶形式不仅包括了中国古典建筑的一般屋顶形式，而且结合其自身特点创造出别具一格的屋顶形式。比较普遍的屋顶形式主要有：攒尖顶（图 1-3-2）、带正脊的屋顶（图 1-3-3）、不带正脊的卷棚式屋顶（图 1-3-4），以及组合形式的勾连搭、抱厦（表 1-3-1）、重檐和三重檐屋顶等。攒尖顶主要有：圆攒尖、三角攒尖、四角攒尖、八角攒尖等。带正脊的屋顶形式主要有：庑殿顶、歇山顶、悬山顶、硬山顶、十字顶和盝顶。不带正脊的屋顶形式主要是卷棚顶。另外，还有特殊的屋顶形式，如曲尺顶、扇面顶等。近年来，园林中兴建了不少采用钢筋混凝土结构和钢结构的平顶式亭。由于平面上没有攒尖顶、歇山顶等的限制，因此可根据设计要求更自由、灵活地进行布局，以平面、体型上的错落变化、虚实对比等手法来弥补屋顶造型上的不足。

(a) 圆攒尖　　　　　　(b) 三角攒尖　　　　　　(c) 四角攒尖　　　　　　(d) 八角攒尖

图 1-3-2　攒尖顶

(a) 硬山顶　　　　　　(b) 悬山顶　　　　　　(c) 歇山顶　　　　　　(d) 庑殿顶

图 1-3-3　带正脊的屋顶

(a) 卷棚硬山　　　　　　　(b) 卷棚悬山　　　　　　　(c) 卷棚歇山

图 1-3-4　不带正脊的卷棚式屋顶

表 1-3-1　勾连搭、抱厦式屋顶

名称	图解	
勾连搭式屋顶	圆明园慎德堂	一殿一卷式垂花门

名称	图解
抱厦式屋顶	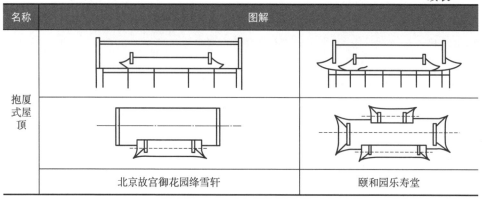
	北京故宫御花园绛雪轩　　　　颐和园乐寿堂

1.3.3　按亭的整体造型分类

亭的造型丰富、灵活多变。它的造型特点则主要在于其平面形状和各种屋顶形式的组合。其整体造型主要有以下四种。

（1）单向组合亭

圆形和正多边形平面的亭，屋顶多为攒尖顶，而扇面形和长方形平面的亭，多为歇山顶，也有庑殿、硬山和平屋顶形式的，梅花形和海棠形平面的亭则相对比较少（图1-3-5）。

图1-3-5　单向组合亭

（2）竖向组合亭

从层数来看，有单层、两层、三层等；从立面上看，有单檐、重檐、三重檐之分。多层和重檐的亭，轮廓丰富、造型持重，常用在与游廊的结合处和较大的空间环境中。北方多重檐，南方普遍为多层。这类亭一般上下平面结构一致，但也有一些为追求变化，采用底层为八角形平面，上层为正方形，下层檐为六角或多角，而上层檐却是圆攒尖的组合形式，从而使亭的造型更加丰富俊美（图1-3-6）。

（3）复合组合亭

复合组合的亭分为两类：一类是两个相同造型的亭的组合，这种组合在结构上并不很复杂，但形体丰富，且体量也相对得到加强；另一类是一个主体和若干个附体的组合。十字形平面的亭就是复合组合中最有代表性的：这种亭有的中间为长脊，前后出抱厦；有的中部高起，四面做抱厦；而有的为两个悬山屋顶十字相交。此外，还有一些根据地形灵活组合的亭，它们的结构可以根据需要随性安排，不拘一格，造型也极为丰富生动（图1-3-7）。

图1-3-6　竖向组合亭　　　　　　　　图1-3-7　复合组合亭

（4）亭组

亭组也是一种组合方式，它是把若干座亭按一定的构图需要组织在一起，形成一个建筑群体，营造层次丰富、形体多变的空间形象，给人以最强烈的感染力（图1-3-8）。

图1-3-8　亭组

1.3.4 按亭的材料分类

亭的整体风格、造型形象在一定程度上取决于所选用的材料。不同材料的样式、性能有所差异，所建造的亭就各自带有不同特色。亭根据其建造材料的不同可以分为木亭、石亭、砖亭、茅亭、竹亭、钢筋混凝土结构亭、钢结构亭等。

（1）木亭

木亭以木构架琉璃瓦顶和木构架黛瓦顶两种形式最为常见。前者为皇家建筑和唐朝宗教建筑中所特有，富丽堂皇，色彩浓艳；后者则是中国古典亭榭的主要代表形式，或质朴庄重，或典雅清逸，遍及大江南北。此外，木结构的亭也有做成片石顶、铁皮顶和灰土顶的，但一般较少见，属于较为特殊的形式。

（2）石亭

石亭在我国也相当普遍。早期的石亭，大多模仿木结构的做法，斗拱、月梁、明栿、雀替、角梁等皆以石材雕琢而成。湖北黄梅破额山上的鲁班亭是历史上比较有代表性的石亭之一。此亭是全部以石材仿造木结构的斗拱、梁架而建造的。明清以后，石亭逐渐摆脱了仿木结构的形式，石材的特性突出，构造方法也相应简化，造型质朴、厚重，出槽平短，细部简单。有些石亭甚至简单到只用四根石柱顶起一个石质的顶。这种石块砌筑的亭简洁古朴，表现了一种坚实、粗犷的风貌。南方一些石亭做成重檐，甚至达到四层重檐，富有江南轻巧而不滞重的特点。

（3）砖亭

砖亭往往有厚重的砖墙，但很多仍是木结构的亭，砖墙只不过是用以保护梁、柱及碑身，并借以产生一种庄重、肃穆的气氛，而不起结构承重作用。真正以砖作为结构材料的亭，都是采用拱券和叠涩技术建造的。北海团城的玉瓮亭和安徽琅琊山的怡亭，就是全部用砖建造起来的砖亭，与木构亭相比，造型别致，颇具特色。

（4）茅亭

茅亭是各类亭的鼻祖，源于现实生活。山间路旁歇息避雨的休息棚、水车棚等即是茅亭的原形。此类亭多用原木稍做加工作为梁柱，或覆茅草，或盖树皮，一派天然野趣。由于它保留着自然本色，颇具山野之意，所以备受清高风雅之士的赏识。不仅山野之地多筑茅亭，就连豪华的宅邸和皇宫禁苑内也都建有茅亭，追求"天然去雕饰"的古朴、清幽之趣。

（5）竹亭

竹亭的历史可以追溯到唐代，其用处较为广泛。由于竹不耐久，存留时间短，所以遗留下来的竹亭非常少。现多用绑扎辅以钉、铆的方法建造。而有些竹亭的梁、柱等结构构件用木，外包竹片，以仿竹形，其余构件如坐凳、椽、瓦等则全部用竹制作，既坚固又便于修护。

（6）钢筋混凝土结构亭

随着科学的进步，使用新技术、新材料建亭日益普遍。用钢筋混凝土建亭主要有三种方式：第一种是现场用混凝土浇筑，结构比较坚固，但制作细部比较浪费模具；第二种是用预制混凝土构件焊接装配；第三种是使用轻型结构，顶部用钢板网，上覆混凝土进行表面处理。

（7）钢结构亭

钢结构亭在造型上可以有较多变化，也可通过对钢材外表进行镀锌喷漆等处理形成色彩上的变化。在北方需要考虑风压、雪压的负荷。另外，屋面不一定全部使用钢结构，也可使用其他材料（如：玻璃、塑料、铝合金、钛合金、聚苯乙烯泡沫和聚酯纤维等合成材料）相结合的做法，形成丰富的造型。

1.3.5 按亭的风格分类

亭因地域、文化、意识形态等因素的影响，会形成不一样的风格。当代亭按照风格大致可分为中式亭、新中式亭、欧式亭以及现代亭。

（1）中式亭

中式亭是指中国传统形式的亭（图 1-3-9），其构造和建造有一套相对固定的模式。中式亭又分为南北两种风格，南方中式亭多恬静低调，北方中式亭则显得庄重华丽。中式亭常见的样式是四角亭和六角亭，结构方面比较遵循古建亭的做法，在私人花园中，工艺多少都会有所精简。宝顶、屋脊、屋面、翘角、挂落、美人靠等构件使得中式亭风格更加凸显。中式亭常常出现在一些古典风格的园林中，一些中式风格居住区中也常能看见其身影。

图 1-3-9　中式亭

（2）新中式亭

新中式亭（图1-3-10）其实是简化的中式亭，简约秀丽。它的设计技巧是提取经典中式元素与现代极简文化潮流元素进行融合创新，以简洁的造型去搭建亭。常见的做法是去掉中式亭的屋面，换成平板顶部，然后仅在立面上做一些装饰，有点中式韵味即可。常用装饰有立面格栅装饰、立面中式镂空雕花格栅，使其满足现代人的审美，又同时具备中式特色，两全其美。新中式亭一般选择新型铝合金作为主要建造材料，其优点是重量轻，容易运输和安装，耐高温和腐蚀，使用寿命较长，后期不需要长时间维护，综合成本较低。新中式亭常常设计在一些高档别墅小区以及售楼处中。

图1-3-10　新中式亭

（3）欧式亭

欧式亭是指具有西方传统建筑风格特色的亭，具体又分为欧式古典风格亭（图1-3-11）和欧式田园风情亭（图1-3-12）。欧式古典风格亭主要采用的建筑类型有哥特式建筑、巴洛克建筑、法国古典主义建筑、古罗马建筑、古典复兴建筑等，强调以华丽的装饰、浓烈的色彩、精美的造型达到雍容华贵的装饰效果。

图1-3-11　欧式古典风格亭

图 1-3-12　欧式田园风情亭

　　欧式田园风情亭是一种贴近自然、向往自然风格的亭。其最大的特点是朴实、亲切。其建造形态摒弃了传统欧式建筑复杂的装饰细节，保留了其对称、典雅的建筑形态，造型简洁，线条分明，讲究对称，常运用素雅的色彩（以白、深灰色调为主）与质朴的材质（主要为木材与铁艺等），结合简约的装饰纹样、爬藤类的植物或装饰性花篮等元素，打造一种闲适惬意的休闲亭，使人感到质朴、宁静。这类亭在国外多见于街头公园、植物园或私家庭院中，或置于临湖及海边空旷的草地作为婚庆场所通过帷幔、花卉等装饰为其增添浪漫自然的色彩；在国内，则多见于一些欧美风格的别墅私家庭院，结合休闲设施（如摇椅等）营造一处随性、悠闲的休闲场所。

　　（4）现代亭

　　现代亭（图 1-3-13）打破传统亭样式，造型简约却不拘一格，常通过一些装饰手法来增加其观赏效果，如几何造型、线条装饰、立面线条装饰、顶面线条装饰、立面图案装饰等。现代亭大多以钢结构为主要框架，再搭配玻璃和格栅，用料考究但非常简化，对材料的质感和色彩要求很高，追求运用简洁的线条勾勒出物体的纯粹美。

图 1-3-13　现代亭

1.4 亭的设计要点

亭具有灵活性及多样性，其造型样式丰富。设计中每一个亭都应结合具体环境及园林空间布局进行设计，从而使其独具特色。为此，从以下几个方面归纳亭的设计要点。

1.4.1 亭的风格选择

园林景观中不同风格的亭追求不同的审美情趣，创造不同的身心体验。我国古典园林景观中的亭是营造文化理念的主要载体，文化指向常常是诗情画意的氛围，体现的是一种宁静、致雅。欧式风格亭则体现的是一种华丽高贵或自然浪漫的感情色彩。

要发挥亭在园林景观中风格定位的独特作用，就必须在总体规划中全盘考虑。亭风格的选择要与整体园林风格相统一、协调，既要体现亭的实用功能，又要考虑亭与园林中其他建筑、植物等要素的内在联系。亭的不同风格主要体现在位置、造型、细部比例处理以及亭的材料色调上，需综合考虑这些因素，认真研究不同风格的亭在这些因素上的差别，从而展现不同风格亭的审美特征，创造不同的园林效果。

1.4.2 亭的位置选择

亭在园林布局中的位置，需结合上述亭的风格，并按照总的规划意图来选择。在园林布局中，亭的位置选择极其灵活，但需注意，无论是平地、山顶、高地、池岸水矶、林间、曲径深处，都应使亭置于特定的景物环境之中，从而充分发挥亭的功能及特点，并且运用对景、借景等手法，使亭的位置充分发挥观景与点景的作用，协调好与周边环境的关系，从而创造出优美的园林意境；还需注意的是，亭的位置选择不能仅从平面去推敲，还需结合游人在游览路线上所形成的透视画面效果来考虑，从视觉的静观和动观中确定。本章第五小节将详细介绍亭的位置选择和布局。

1.4.3 亭的体量与造型选择

确定了亭的位置之后，结合亭所处地域风貌，周围环境的大小、性质，及亭的风格等进行亭的体量与整体造型的选择，确保因地制宜。一般而言，由于北方地区地势平坦辽阔，因而与之相配的园林景观亭也应有较大的体量，方可体现北方地貌的辽阔、端庄、雍容；相对而言，南方地貌崇山秀水，因而亭的体量相对小巧、俊秀。就造型来说，北方的亭因体量较大，屋顶屋面坡度较缓，整个屋脊曲线较为平缓；而南方的亭因雨季较长，屋顶屋面坡度较大，屋脊的曲线也显得更弯曲，屋角常高高翘起，亭柱没有北方亭那样粗大，而是显得较细巧。对于同一地域来说，较小的庭园中，亭不宜过大，但亭作为主要的景观时，也不宜过小，在造型上也宜丰富些；在大型园林的大空间中设亭，要有足够的体量，有时为突出亭的特定气氛，还成组布置，形成亭或亭廊组群；山顶、山脊上建亭时，造型应求高耸向上，以丰富、明确山与亭的轮廓；周围环境平淡、单一时，亭的造型可丰富些；周围环境丰富、变化多时，亭的造型宜简洁。总之，亭的体量与造型要与周围的山石、绿化、水面及临近的建筑很好地搭配、组合、协调起来，因地制宜，根据特定造景需要而定，没有固定的模式可循。

1.4.4　亭的比例控制

亭的体量与造型需要结合所在环境进行选择，而其造景效果离不开亭自身完整的形体与其各部分结构的尺寸比例要求。古典亭的亭顶、柱高（H）、开间（L）、柱径（D）、台基高（h）等结构之间都有着密切关系。各部分结构之间恰当的比例对亭的立面效果及造型效果有很大提升作用。一般来说，亭的各部分尺寸关系如下（图 1-4-1、图 1-4-2）：柱高 H=0.8 ～ 0.9L；柱径 D=0.07L；台基高 h=0.1 ～ 0.25H。图中 B 为举架出檐长度。

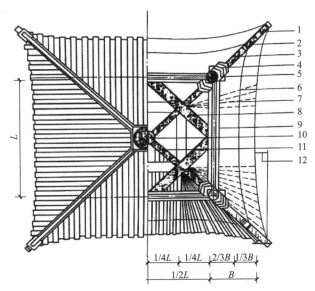

图 1-4-1　亭的比例关系（平面）
1—仔角梁；2—霸王拳；3—老角梁；4—花梁头；5—檐柱；6—飞檐椽；
7—檐椽；8—抹角梁；9—檐檩；10—雷公柱；11—由戗；12—翼角平椽宽

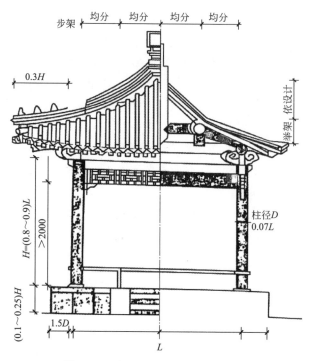

图 1-4-2　亭的比例关系（剖、立面）

另外，亭的平面形状不同，开间与柱高之间也有着不同的比例关系：

四角亭，柱高∶开间 =0.8∶1；

六角亭，柱高∶开间 =1.5∶1；

八角亭，柱高∶开间 =1.6∶1。

1.4.5　亭的装饰

亭在装饰上可繁可简，既可精雕细刻，也可不加任何装饰，形成简洁质朴的亭。如，北京颐和园的亭，为显示皇家的富贵，大多进行了精心的装饰；而杜甫草堂的茅草亭，则使人感到自然、纯朴。

装饰构件的设计也能够提升亭的观赏性。在古典亭中，花格是必不可少的装饰构件。它既能加强亭本身的线条、质感和色彩，又能使其通透、灵巧。挂落与花牙为精巧的装饰，具有玲珑、活泼的效果，更能使亭的造型丰富多彩。鹅颈靠椅（美人靠）、坐凳及栏杆，可供游人休息，而且恰当的比例处理可协调立面效果，使亭的形象更为匀称。亭内设漏窗能丰富景物，增加空间层次。

材料方面，应力求就地选用地方性材料，尽量避免单独加工。竹木、粗石、树皮、茅草的巧妙设计与加工，也可做出别具一格的亭，不必过分地追求人工的雕琢。

亭的装饰色彩应根据地域环境、地方风情特色，及亭的整体设计风格等来选择。一般而言，北方亭受皇家园林的影响，装饰色彩常常追求华丽、浓艳，色彩对比强烈，屋顶常用琉璃瓦，加上装饰的彩画更显富丽堂皇，而南方的亭色调则显得素雅，装饰古朴、精巧，屋面一般配青瓦，也不施彩画。

1.5 亭的位置选择和布局

在园林设计中，亭的位置选择及布局主要有以下几种：平地建亭、临水建亭、依山建亭、屋顶建亭。

1.5.1 平地建亭

平地建亭（图 1-5-1）视点较低，宜将亭设在有景可赏的位置，通常位于道路的交叉口处及路侧的林荫之间，有时为一片花木山石所围绕，营造一个小的私密性空间；或位于厅、堂、廊等建筑的一侧，供户外活动之用，也丰富了园林建筑的空间层次。这种与建筑物结合起来筑亭的形式，在考虑亭的风格、整体造型体量、装饰上应主要服从主体建筑的风格及总体上空间的要求。有的自然风景区在进入主要景区之前的路边或路中筑亭，作为一种标志和点缀，形成点景效果，从而吸引游客。

图 1-5-1 平地建亭

1.5.2 临水建亭

临水建亭（图 1-5-2）的具体位置可以是临水的岸边、水边石矶、水中小岛，以及石台、桥梁之上等处。水边设亭，一方面是为了观赏水面的景色，另一方面也可丰富水景效果。因此，临水建亭需要注意选择好观水的视角，还需注意亭在风景画面中的恰当位置。一般应尽量贴近水面，宜低不宜高，三面或四面伸入水中。亭的体量大小主要根据它所面对的水面大小而定，位于开阔湖面的亭尺度一般较大，有时为了强调一定的气势和满足园林规划的需要，还把几个亭组织起来，形成组群亭，构建层次丰富、体量变化的建筑形象，给人以强烈的印象。例如：北京北海的"五龙亭"，扬州瘦西湖的"五亭桥"，广东肇庆星湖公园中的"湖心五亭"等，均成为公园中的著名景点，都突出于水中，通过桥与岸相连，在园林中处于构图中心的地位，从各个角度都能看到它们生动、丰富的形象。

图 1-5-2　临水建亭

1.5.3　依山建亭

依山建亭（图 1-5-3）的具体位置可在山巅、山腰、山脚等。山上建亭宜于远眺，特别是山巅、山腰上，眺览的范围大、方向多，同时也为登山游客提供中途休息观赏的场所。依山建亭，不仅丰富了山的立体轮廓，使山上景色更有生机，也为人们观望山景提供了适宜的环境。

我国著名的风景游览地，常在山上最好的观景位置设亭，加上各代名人到此常常根据亭的位置及观赏到的风景特色而吟诗题字，使亭的名称与周围的风景更紧密地联系起来，在实景的观赏与虚景的联想之间架起了桥梁。例如，桂林的叠彩山是鸟瞰整个桂林风景面貌的最佳观景点之一。从山脚到山顶，在不同高度上分别建了三个形状各异的亭。最下面的是"叠彩亭"，游人在此展开观景的"序幕"，亭中悬"叠彩山"匾额，点出主题。亭侧的崖壁上刻有名人的题字"江山会景处"，使人一望而知，这是风景荟萃的地方。行至半山，有"望江亭"，青罗带似的漓江就在山脚下盘旋而过。登上明月峰顶，有拏云亭。"明月""拏云"的称呼使人不禁想见其高，站在亭中，极目千里，整个桂林的城市面貌及玉笋峰、象鼻山、穿山等美景尽收眼底。

1.5.4　屋顶建亭

随着经济的发展与人民生活水平的提高，人们在追求物质生活的基础上，越来越追求精神上的享受。同时，受到城市绿化面积减少等因素影响，屋顶花园已越来越常见。亭是屋顶花园中最重要的建筑设施之一。屋顶花园的设计与建造需要考虑建筑物能否安全承受屋顶花园所带来的荷载。屋顶花园建亭应尽量将亭设计在主体建筑的承重结构或跨度较小的位置上，以确保其稳定性与安全性。另外，亭的体量造型、尺度、装饰既要与主体建筑物及周围环境的尺度保持协调一致，又要有独特的园林风格（图1-5-4）。

图1-5-3　依山建亭　　　　　图1-5-4　屋顶建亭

1.6　亭的施工图绘制与实例

1.6.1　施工图绘制要点

亭的施工图要有完整的平面图、立面图、剖面图、结构及细部大样做法图。平面图通常包括顶平面图、底平面图、基础平面图；若为木结构亭，有时还会增加一个木结构骨架平面图，表示骨架的安装位置、尺寸，有时也会和顶平面图合在一起表现。顶平面图是由屋顶的上方向下作屋顶外形的水平投影而得到的平面图，它可以用来表示屋顶整体结构、材质和尺寸，绘制时应表现亭的平面布置、平面形状、尺寸和材质。底平面图是由位于基础上方的水平面剖切后所得到的水平剖面图，表明亭的轮廓、范围、位置、使用材料，包括台阶、座椅、柱及其他建构配件的位置和大小。底平面图中应该表现亭的平面形状、尺寸、地面铺装材质，以及亭柱位置、形状和材料。基础平面图中应表示基础的平面位置及形状，通常与网格定位线结合在一起，表示亭基础的长、宽和平面基础轮廓，是定点放样和开挖地基的主要依据。此外，在设计说明中要写明开挖基础的深度、宽度、方法，以及使用的基础材料等。立面图是在与亭立面平行的投影面上所作出的正投影图，应表现亭主视立面的整体造型、高度、材料及构件。剖面图是沿底平面图中剖切位置进行剖切后所得到的图形，应表现亭的整体外形、高度，并注明详细尺寸、所用材料及做法，比较复杂时，还需附上结构图来表现柱子的基础做法，如果是钢筋混凝土结构的亭子，还应该明确柱梁等的配筋。

1.6.2 施工图绘制步骤

（1）平面图

① 基础平面图。先绘制网格轴线，再根据定位轴线及基础的长、宽尺寸绘制出基础，并详细标明基础的尺寸、结构及使用材料，再写上图名及比例（图1-6-1）。

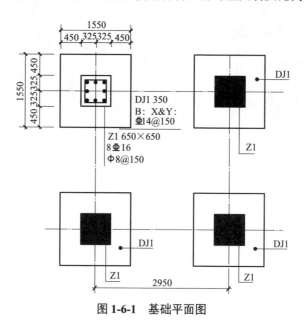

图1-6-1　基础平面图

② 底平面图。绘制网格轴线，在轴线交点位置按尺寸要求绘制出所有亭柱，利用亭柱绘制亭的平面形状，再将其他设施（坐凳、台阶）一一绘制。完成图形绘制后

再标注平面尺寸、材料、剖切符号等，最后绘制图名比例信息（图1-6-2）。

③ 顶平面图。若顶平面形状与底平面形状一致，则可利用底平面图外轮廓进行顶平面图的绘制，再进行细部调整并附以亭顶屋面组成、材料图例表现，最后标注其平面尺寸、顶视材料等。若顶平面形状与底平面形状不一致，则需按顶平面的形状、尺寸绘制构成图形，再标注其平面尺寸、顶视材料（图1-6-3）。

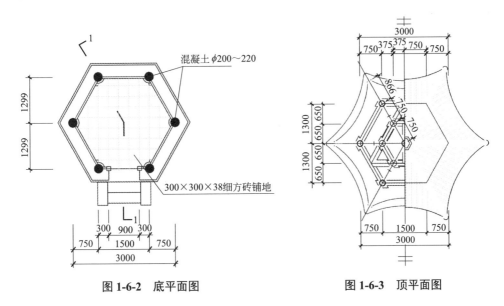

图1-6-2 底平面图

图1-6-3 顶平面图

（2）立面图

一般绘制亭的正立面，绘制比例一般与平面图比例一致，如此可利用平面图进行立面图的绘制。绘制时，可先绘制室外地平线，再根据底平面图绘制柱的结构中心线及柱、台基、台阶等结构的宽度，再根据标高绘制亭顶、亭柱、台阶、台基等的高度，然后绘制细部构件（如亭顶面、挂落、美人靠等），最后标注其标高及各结构的材料（图1-6-4）。

（3）剖面图

根据底平面图的剖切位置绘制剖面图。一般来说，需剖切到亭的主要结构（如亭柱、台阶等）。先绘制地平剖断线，再按标高和尺寸在

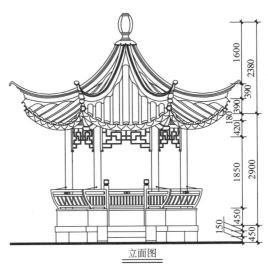

立面图

图1-6-4 立面图

地平剖断线以上将亭的剖面形状、内部结构形式、断面形状等按比例完整绘制出来，然后详细标注其尺寸、标高、材料组成、做法及工艺要求等（图1-6-5）。

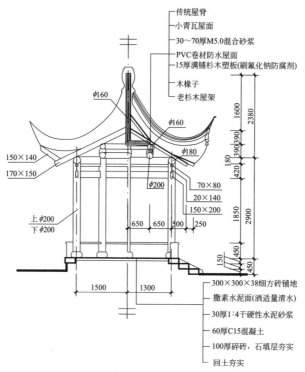

传统屋脊
小青瓦屋面
30~70厚M5.0混合砂浆
PVC卷材防水屋面
15厚满铺杉木塑板(刷氟化钠防腐剂)
木椽子
老杉木屋架

300×300×38细方砖铺地
撒素水泥面(洒适量清水)
30厚1:4干硬性水泥砂浆
60厚C15混凝土
100厚碎砖，石填层夯实
回土夯实

图1-6-5　剖面图

（4）节点大样图

亭有很多细部构件，如柱、座椅、台阶和装饰构件（挂落、宝顶、美人靠）等。一般在平立剖面图上不能完全表现出其具体形状、尺寸及做法，特别是构件之间的结合做法，需要通过节点大样图详细展示。绘制节点大样图时，需将细部构件的具体形状画出来，再详细标注其尺寸、材料、做法及工艺要求等（图1-6-6）。

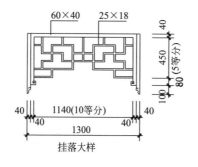

挂落大样

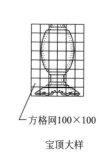

方格网100×100

宝顶大样

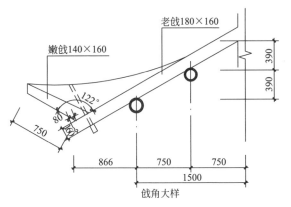

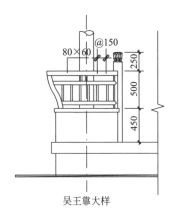

图 1-6-6　节点大样图

1.6.3　亭的施工图实例

（1）实例一：仿蘑菇亭
仿蘑菇亭的实景图及全套施工图如图 1-6-7、图 1-6-8 所示。

图 1-6-7　仿蘑菇亭实景图

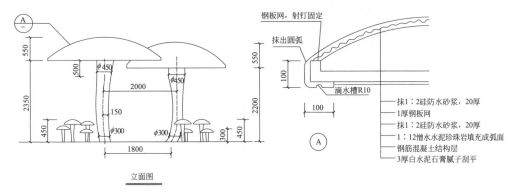

图 1-6-8

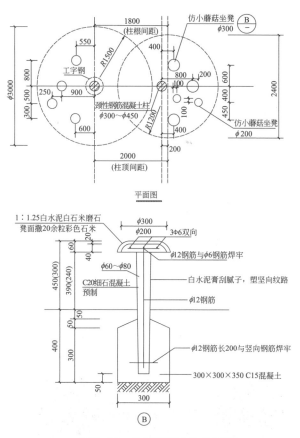

平面图

图 1-6-8 仿蘑菇亭全套施工图

（2）实例二：欧式景观亭

欧式景观亭效果图及全套施工图如图 1-6-9、图 1-6-10 所示。

图 1-6-9 欧式景观亭效果图

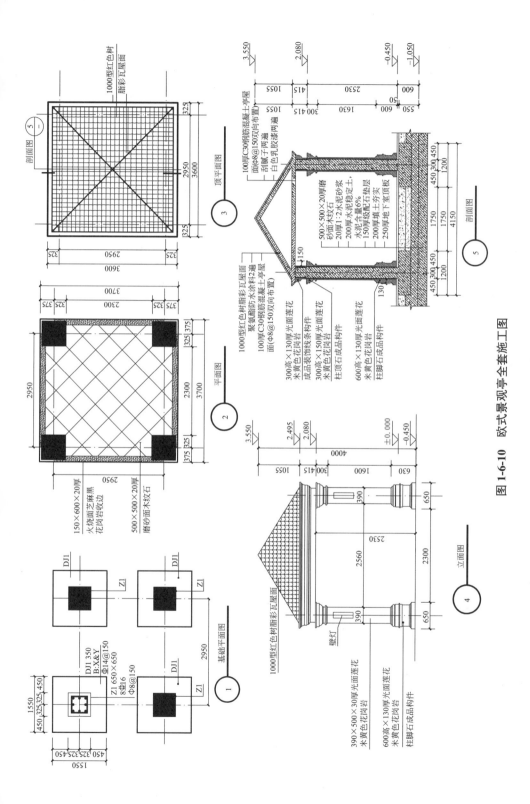

图 1-6-10 欧式景观亭全套施工图

（3）实例三：膜结构亭
膜结构亭实景图及部分施工图如图 1-6-11、图 1-6-12 所示。

图 1-6-11 膜结构亭实景图

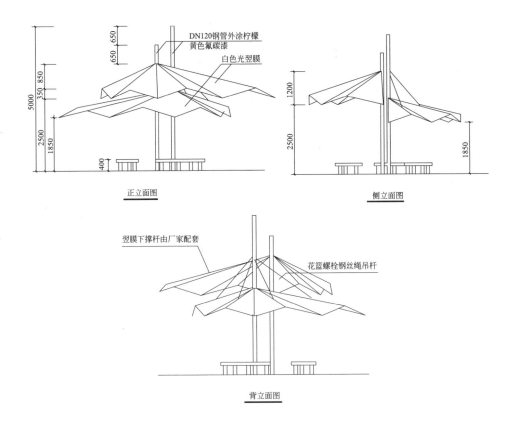

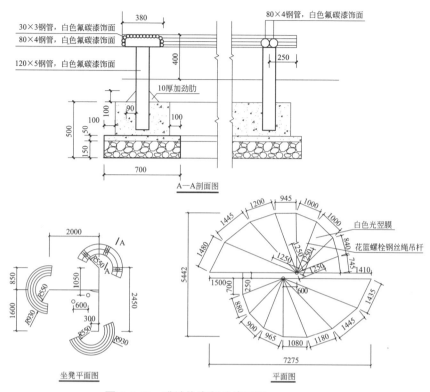

图 1-6-12　膜结构亭部分施工图

（4）实例四：太阳能景观亭

太阳能景观亭效果图及全套施工图如图 1-6-13、图 1-6-14 所示。

图 1-6-13　太阳能景观亭效果图

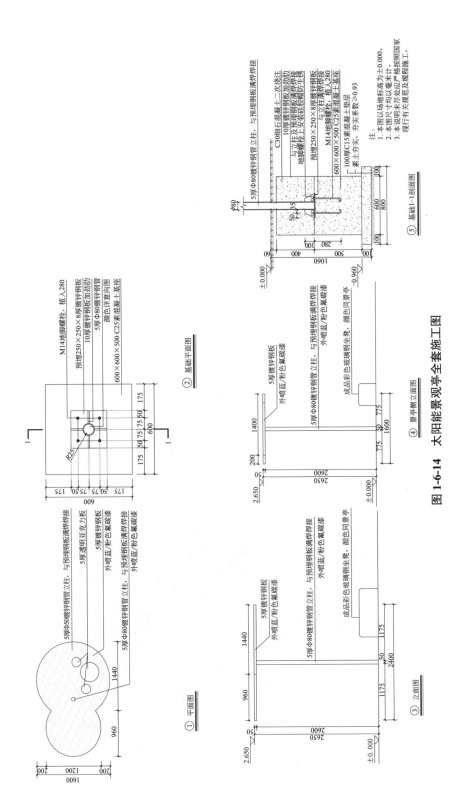

① 平面图

② 基础平面图

M14地脚螺栓，植入280
预埋250×250×8厚镀锌钢板
10厚镀锌钢板加劲肋
5厚Φ80镀锌钢管
颜色详基础剖面图
600×600×500 C25素混凝土基座

5厚Φ50镀锌钢管立柱，与预埋钢板满焊焊接
5厚透明亚克力板
5厚镀锌钢板满焊焊接
外喷蓝/粉色氟碳漆
5厚镀锌钢板满焊焊接
外喷蓝/粉色氟碳漆
5厚Φ80镀锌钢管立柱

③ 立面图

5厚镀锌钢板
外喷蓝/粉色氟碳漆
5厚Φ80镀锌钢管立柱，与预埋钢板满焊焊接
外喷蓝/粉色氟碳漆
成品彩色玻璃钢坐凳，颜色同景亭

④ 景亭侧立面图

5厚镀锌钢板
外喷蓝/粉色氟碳漆
5厚Φ80镀锌钢管立柱，与预埋钢板满焊焊接
外喷蓝/粉色氟碳漆
成品彩色玻璃钢坐凳，颜色同景亭

⑤ 基础1-1剖面图

5厚Φ80镀锌钢管立柱，与预埋钢板满焊焊接
C30细石混凝土一次浇注
10厚镀锌钢板加劲肋
与预埋钢板满焊焊接
地脚螺栓上安装硅胶橡胶防坠锈
预埋250×250×8厚镀锌钢板
与预埋钢管满焊焊接，植入280
M14地脚螺栓，植入280
600×600×500 C25素混凝土基座
100厚C15素混凝土垫层
素土夯实，夯实系数≥0.93

注：
1. 本图以场地标高为±0.000。
2. 本图尺寸均以毫米计。
3. 本说明未尽处应严格按照国家现行有关规范及规程施工。

图1-6-14 太阳能景观亭全套施工图

1.7 钢筋混凝土亭施工

用钢筋混凝土建亭，目前有两种方式：一种是现场混凝土浇筑，结构比较坚固，但制作细部比较费模具；另一种是通过模具等加工方式预制生产出亭的各个部件的半成品，比如亭的立柱、横梁、屋脊、顶部盖板、凉亭圆顶等部件，然后直接在工地现场吊装组装，焊接固定，搭建完成亭的初始外形。本书介绍的是混合式建造，即基础和柱现场浇筑施工，其他构件预制安装。

某住宅小区为满足居民休憩与观赏需要，在小区内建造一处钢筋混凝土六角仿木亭（图 1-7-1）。根据亭的构造设计要求，正确进行施工。

图 1-7-1 钢筋混凝土亭实景

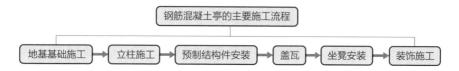

1.7.1 地基基础施工

（1）定点放线

在施工现场确定坐标控制点后，根据设计要求和地面坐标的对应关系，用全站仪把六角亭的平面基础位置和边线点（以承台最外围为边）测放到地面上，并用白灰做好标记，放出基坑位置线。

（2）基槽开挖

在白灰线外边缘宽出 20cm 左右处，采用机械开挖基槽（基底预留 10 ～ 20cm 余土用人工挖掘）。当开挖达到设计标高后，用打夯机进行素土夯实，以达到设计要求的密实度。

（3）碎石回填、浇筑混凝土垫层

根据图纸计算 150mm 厚所需的碎石用量，然后用自卸汽车运送至现场，再用人工回填平整。摊铺碎石时，应无明显离析现象，或采用细集料做嵌缝处理。经过平整和修整后，碎石应达到要求的密实度。最后用 C15 混凝土做素混凝土垫层。

（4）垫层上放线

垫层混凝土达到一定强度后，根据设计图纸中的承台位置（图1-7-2），用全站仪将承台及立柱的中心轴线测出来，并用墨斗将中心线弹设出来。然后根据施工图（图1-7-3、图1-7-4）将钢筋网片铺设在已弹设的墨线内，下部垂直钢筋应绑扎牢固，并注意将钢筋弯钩朝上，以连接柱的钢筋（图1-7-5）。然后支设承台、拉结梁的模板。支设后需要对其进行加固处理，防止浇筑混凝土时发生跑模、爆模的情况。

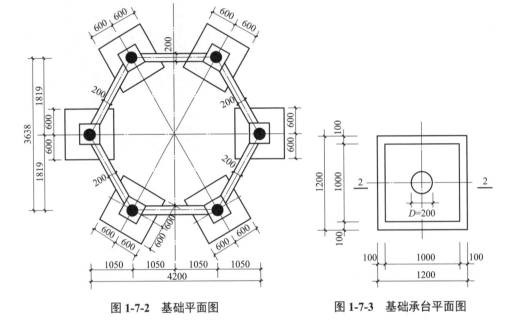

图1-7-2　基础平面图

图1-7-3　基础承台平面图

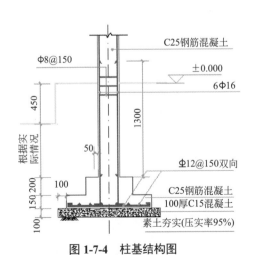

图1-7-4　柱基结构图

图1-7-5　基础钢筋绑扎

（5）混凝土浇筑、振捣

混凝土浇筑前应清理模板内的木屑、泥土等杂物，木模浇水湿润，堵严板缝及孔洞。混凝土应分层连续浇筑，间歇时间不得超过混凝土初凝时间，一般不超过 2h。为保证钢筋位置正确，应先浇一层 5 ~ 10cm 厚的混凝土固定钢筋。分层下料，每层厚度为振动棒的有效振动长度。防止由于下料过厚、振捣不实或漏振、吊帮的根部砂浆涌出等原因造成蜂窝、麻面或孔洞。浇注混凝土时，要经常观察模板、支架、钢筋等有无走动情况。一经发现变形、走位或位移，应立即停止浇筑，并及时修整和加固模板，然后再继续浇筑。

（6）混凝土找平

混凝土振捣密实后，表面应用木抹子搓平（图 1-7-6）。收面前必须校核混凝土表面标高，不符合要求处立即整改。

图 1-7-6　混凝土找平

（7）混凝土养护

拆模后对混凝土进行覆盖和浇水，浇水次数应能保持混凝土达到充分的湿润状态。养护期一般不少于 7 昼夜。

（8）拆模

混凝土强度达到设计要求时拆除模板（图 1-7-7）。

（9）地坪施工

混凝土养护达到要求后，回填基础土方。回填时分层回填，分层压实，然后再铺设 80mm 厚碎石垫层并碾压密实，最后再浇筑 100mm 厚 C20 素混凝土垫层（图 1-7-8）。

图 1-7-7　拆除模板

图 1-7-8　地坪施工

1.7.2　立柱施工

（1）搭设钢管脚手架

根据图纸中立柱的高度，搭设钢管脚手架。搭设时，架立钢管的位置需用模板或其他硬物垫在地面上，保证脚手架的稳定性。搭设脚手架时需符合相关规范，搭设过程中应避开立柱的位置，保证后期立柱钢筋、模板的施工。为保证立柱的混凝土浇筑，在钢管架上部需考虑作业平台的位置，其大小应保证人能在其上自由行走作业。同时还要在最上一架的位置外围一圈设置防护栏杆，保证工人作业的安全。

（2）钢筋绑扎

脚手架搭设完成后，进行钢筋的绑扎。根据图纸中立柱的高度，将立柱钢筋接长，搭接位置应绑扎牢固，搭接长度符合规范要求。然后绑扎环箍，环箍按照间距要求进行绑扎，绑扎时相邻环箍的叠合处应错开布置。然后用钢管或木枋临时支撑，防止出现歪斜。

（3）安装模板

本案中立柱截面为圆形，直径为 200mm，所以立柱的模板采用 ϕ200mm 的 PE 双壁波纹管（图 1-7-9）。安装前，根据立柱的高度裁切出相应长度的管材，人工从钢筋上部套入波纹管。为防止后期浇筑混凝土时，管材出现歪斜、胀管等情形，管材外围四周需要架设钢管以保证模板的稳定。调整钢筋及波纹管的位置，使钢筋与模板、模板与模板间的距离符合设计要求。除了调整间距还要利用钢管的稳定性调整立柱模板的垂直度，保证立柱浇筑后处于垂直状态。

图 1-7-9　亭柱施工

（4）柱混凝土浇筑

亭柱浇筑混凝土的流程基本同基础混凝土浇筑。

注意事项：立柱浇筑高度超过 3m 时，必须采用串筒或溜管等。

1.7.3　预制结构件安装

单檐亭（指一层屋面檐口的亭子）木构架分为下架、上架、角梁三部分。以檐檩为界，檐檩以下部分为下架（图 1-7-10），檐檩本身及其以上部分为上架（图 1-7-11），转角部位为角梁（图 1-7-12）。

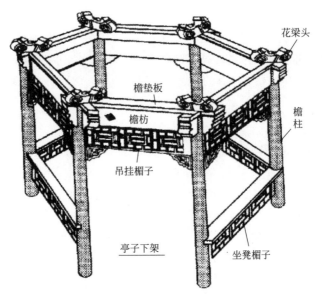

图 1-7-10　六边亭下架示意图

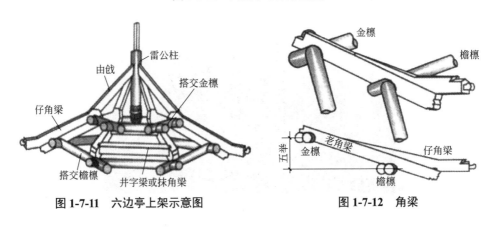

图 1-7-11　六边亭上架示意图　　　　图 1-7-12　角梁

仿古钢筋混凝土亭结构比木亭结构相对简单一些。主要构件有檐枋、檐垫板、角梁、屋脊、亭顶等。

(1) 檐枋、檐垫板

檐枋、檐垫板可以采用现场浇筑的形式（图 1-7-13），也可以预制安装。本项目钢筋混凝土亭没有设置檐枋，而是采用预制吊挂楣子代替了檐枋（图 1-7-14）。在吊挂楣子上端及下端都有预埋件，安装时只需在柱子上摆放好预埋件的位置，然后打孔安装膨胀螺栓固定。

注意事项：安装下部预埋件时，需将混凝土凿开一部分再打孔，保证安装后膨胀螺栓及预埋件不会外露，从而不会影响外部装饰效果。

檐垫板采用焊接的形式,安装前先将檐垫板全部放置在梁上,按照最高位置调整檐垫板的水平高度,不足之处采用砂浆垫平,保证所有垫板在同一水平面。然后将所有檐垫板焊接在一起,并与立柱预留的钢筋连接起来。

图 1-7-13　柱、檐枋、檐垫板浇筑　　　　　　图 1-7-14　吊挂楣子安装

　　(2)角梁安装

　　角梁采用的是预制构件,其安装的关键是固定和平稳。使用机械将雷公柱吊起架设在脚架上,调整其位置及标高至设计位置。然后将角梁吊起,架立在檐垫板上。角梁一端通过雷公柱(一段钢管)与角梁预留的钢筋焊接固定在一起,固定时注意钢管的中心点要与亭的地面中心点在一条垂直线上;另一端通过植入檐垫板和柱的钢筋与角梁预留钢筋焊接,固定在檐垫板上(图 1-7-15)。

　　(3)檐檩安装

　　檐檩是架跨在房梁上起托住椽子或屋面板作用的小梁。安装时同样采用焊接的方式,注意调整檐檩的水平度和垂直度。

　　(4)屋面安装

　　安装屋面时,使用吊机把屋面吊装在角梁上,将屋面预留钢筋与角梁预留钢筋焊接固定(图 1-7-16)。

　　(5)盖屋脊、安装宝顶

　　预制屋脊是一整条的,安装时为了便于起翘,需要将其切成三段。首先安装起翘段,再装直段。整条屋脊要在一条直线上。

　　将安装在角梁中心处的雷公柱灌满水泥砂浆,然后将宝顶预留钢筋对准位置插入,同时把宝顶外围预留的几处钢筋一起用砂浆固定。

檐檩

图 1-7-15　角梁安装　　　　　图 1-7-16　屋面安装

1.7.4　亭顶屋面瓦作施工

（1）屋面防水

① 清理屋面的卫生，确保不存在灰尘、污渍。

② 用水泥砂浆做 20mm 厚找平层。

③ 铺防水卷材，防水卷材顺流水方向铺设，最后在上面抹一遍 50mm 厚水泥砂浆进行找平。

（2）排瓦定位

① 分中：在檐头找出整个屋的横向中点并做出标记，屋顶中间一趟底瓦的中心线应与之重合。然后从博风外往里返两个瓦口的宽度并做出标记。

② 排瓦当：将木工预先做好的瓦口一个个锯开，退进 15% 椽径钉到连檐上。

③ 号垄：将各垄盖瓦的中点平移到屋檐扎肩灰背上，并做出标记。

④ 瓦边垄：在每坡两端边垄位置拴线、铺灰，各瓦两趟底瓦一趟盖瓦。

（3）调脊

① 按扎肩灰上号好的盖瓦中，在每坡各垄底瓦位置各放一块"续折腰瓦"和两块底瓦。下面的一块梯子瓦下面再放一块凸面朝上横放的底瓦。

② 沿前后坡扯一道横线，该横线沿 3 块瓦底中间通过，高度应比博风上皮高一底瓦厚。通过调整枕头瓦，使每垄瓦高低一致。

③ 将横线移至脊中开始"抱头"。

④扯线铺灰，在脊上正折腰瓦之间瓦盖瓦"正罗锅"。

（4）盖瓦

① 冲垄：扯线铺灰，先将中间的三趟底瓦和两趟盖瓦瓦好。

② 瓦檐头：扯线铺灰，将檐头滴子瓦和圆眼勾头瓦好。

③ 底瓦：先在齐头线、楞线和檐线上各拴一根短铅丝，即"吊鱼"。它的长度根据线到边垄底瓦翘的距离确定，然后开线。

④ 盖瓦：以楞线到边垄盖瓦垄为准，将和好的盖瓦灰摊放到蚰蜒当上，自下而上依次安放盖瓦。

⑤ 捉节夹垄：将摆好的瓦垄清扫干净，用小麻刀灰勾抹筒瓦相接处，此工序为"捉节"。然后用夹垄灰（掺色）将睁眼抹平，此工序为"夹"。夹垄应分糙细两次，操作时要用瓦刀把灰塞严拍实（如图 1-7-17）。

脊

筒瓦

瓦当

滴子

瓦垄(用的是板瓦)

图 1-7-17　瓦作示意

1.7.5　坐凳安装

本案采用的是美人靠式的坐凳，其施工流程为安装预制凳脚→凳板现场浇筑→安装预制靠背栏杆→现浇压顶。

1.7.6　装饰施工

本案装饰包括亭体装饰和地面装饰。亭体装饰主要是油漆，地面装饰包括地坪铺装和柱石安装。

油漆施工的流程是：清扫基层→填补腻子、磨平→第一遍满刮腻子、磨平→第二遍满刮腻子、磨平→喷涂底漆→喷涂面漆。

油漆施工时注意喷涂后油漆的颜色要一致，在喷涂前需要弄清楚油漆颜色的调配比例。一般在施工前会做一个样板确定色浆与油漆的比例关系，以便后期大面积喷涂。

1.8 防腐木亭施工

防腐木亭是在我国园林景观中运用较多的一种建筑形式。无论是在古典园林景观中，还是现代园林景观中，都可以看到各种各样丰富多彩的防腐木亭。

某乡镇为满足村民休憩与观赏需要，在村里建造一处防腐木四角亭（图1-8-1）。根据亭的构造设计要求，正确进行木亭施工安装。

图1-8-1 园亭实景图

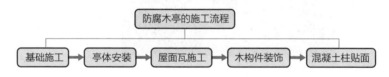

1.8.1 基础施工

防腐木亭的基础施工大体同钢筋混凝土亭的基础施工（图1-8-2、图1-8-3）。需要注意的是浇筑基础立柱时应安装钢板预埋件（图1-8-4、图1-8-5），安装的时间是在振捣立柱混凝土后至混凝土初凝前。安装预埋件时需先测设立柱混凝土面标高，然后使用铁锤将钢板预埋件敲打进混凝土中，并调整钢板预埋件的水平位置及标高，确保后期防腐木立柱的安装。

1.8.2 亭体安装

安装流程：亭柱安装→ 枋的安装→木屋顶安装

（1）亭柱安装

安装亭柱前，先在混凝土立柱上测设标高和坐标点，确定立柱钢套的安装位置。然后将定制好的钢套（图1-8-6、图1-8-7）焊接在立柱预埋钢板上，并调整标高及垂直度。

图1-8-2　基础钢筋和模板

图1-8-3　承台混凝土浇筑

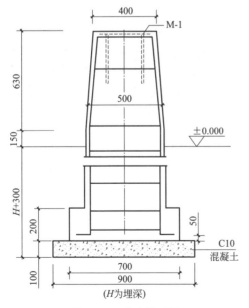

图1-8-4　木亭基础图

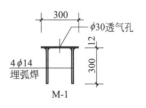

图1-8-5　预埋件详图

安装好钢套后，根据图1-8-8中防腐木亭柱的做法，进行立柱的安装。安装时，将加工好的防腐木套入钢套内调整立柱的垂直度及标高，然后使用电钻从钢套预留孔位置将防腐木钻孔，并使用不锈钢对拉螺栓将防腐木固定在钢套内。

（2）枋的安装

搭设门式脚手架，进行防腐木枋的安装（图1-8-9）。用吊机将木枋吊运至立柱上方，根据安装要求进行木枋的安装。

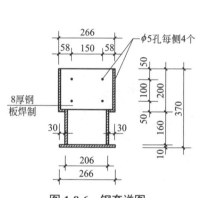

图 1-8-6　钢套详图

图 1-8-7　现场施工

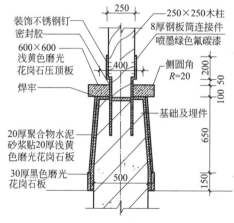

图 1-8-8　立柱安装剖断面图

图 1-8-9　亭柱、枋安装

（3）木屋顶安装

在施工现场按照屋顶的大小、高度在地面上完成屋顶的加工制作（图1-8-10）。制作完成后再使用大型吊机进行屋顶的吊装。屋顶与立柱、枋之间的连接主要采用角件和榫卯工艺。

1.8.3 屋面瓦施工

根据设计要求，屋面瓦用的是沥青油毡瓦。沥青油毡瓦是一种优质高效的瓦状改性沥青防水材料。它以无纺玻璃纤维毡为胎基，经浸涂石油沥青后，一面覆盖彩色矿物粒料，另一面撒以隔离材料所制成的瓦状屋面防水材料。其施工流程如下：

清理基层→放线→铺沥青防水卷材垫毡→刷沥青胶黏剂→铺钉油毡瓦（图1-8-11）。

图1-8-10　亭顶制作　　　　　　　图1-8-11　铺钉油毡瓦

铺钉油毡瓦时，先要铺设初始层（檐口处应设置檐口滴板）。初始层瓦由沥青瓦去掉瓦裙切割而成，初始层沿屋面的坡底处直接铺设，有粘胶的一面朝上，并偏向檐口处，与屋面接触的面涂抹沥青胶，并用屋面钉固定在屋面上。铺瓦时由下而上，上层压着下层，屋面钉所处的位置为上下层重叠的位置。屋脊线、屋面尖顶的位置，需要单独裁切油毡瓦，用钉子固定两边。

1.8.4 木构件装饰

工艺流程：基层处理→润色油粉→局部处理刮腻子→打磨→涂刷第一遍清漆→涂刷第二遍清漆→涂刷第三遍清漆。

为使后期防腐木刷漆时有较好的吸附力，在施工前需要使用砂纸将防腐木外层打磨一遍，然后在防腐木上局部凹陷处刮腻子找平，经打磨后再涂刷油漆。涂刷油漆时应按照统一方向进行，待第一遍油漆完全干燥后方可进行下一道油漆的施工。

1.8.5 混凝土柱贴面

柱身下边贴500mm×150mm×30mm的黑色磨光花岗石板，上边贴500mm×650mm×20mm的浅黄色磨光花岗石板，压顶石用600mm×600mm的浅黄色磨光花岗石板。所有石材铺贴采用湿贴法，在石材背面刷纯水泥浆，然后安装在立柱上。

调准石材的水平度、完成面高度等，确保立柱的外立面装饰正确施工。

复习思考题

① 简要回答亭的功能有哪些。

② 在亭的设计中应注意哪些设计要点？

③ 根据材料，亭可以分为哪几类？

④ 简述现代风格亭的特点。

⑤ 简述古亭排瓦定位的过程。

⑥ 简述古建盖瓦的过程。

⑦ 简述铺沥青油毡瓦的方法。

⑧ 简述防腐木亭柱安装的注意事项。

第2章

廊的设计与施工

2.1 廊的含义及功能

2.1.1 廊的含义

廊，又称为游廊，是具有分隔围合、联系交通和遮风避雨功能的线性棚式建筑。在古典建筑中，廊是建筑群体中的重要组成部分；在园林景观中，廊也是组成景观环境的重要元素之一。明代造园家计成在《园冶》中谈到："随形而弯，依势而曲。或蟠山腰，或穷水际，通花渡壑，蜿蜒无尽……"廊的平面形式多样，长短不一，随山就势，曲折迂回，造型优美，既能引导游览路线，又能划分景观空间，丰富景观层次，是联系风景观景点的纽带。

从典型的古典园林平面图来看，如果把整个园林视为一个"面"，那么，亭、榭、轩、馆等建筑物在园林中可视作"点"，廊、墙这类建筑则是"线"。通过这些线的联络，把各分散的"点"联系成为有机的整体。它们与山石、植物、水面相配合，在园林"面"的总体范围内形成和谐统一的布局。

2.1.2 廊的功能

（1）观景功能

廊作为园林的组成部分，能融入自然风景，既可游览又可观赏。园廊形式多样，精巧的体型，流畅的线条，精美的挂落，多变的漏窗，或盘山腰，或临水际，或掩映在绿树粉墙后，或转折于郁郁青山间，园廊本身就充满了艺术美，它自己就是一道亮丽的风景线，是园林中的一个景点。廊既可以环绕山池树林，又可穿过树丛，跨过山坡；或如蝉翼翩然水上，或如游蛇伏于草间。有时蜿蜒曲折，有时刻板规整；有时开敞活泼，有时封闭羞涩。园林的造景手法众多，有借景、障景、对景、漏景等，要将廊的开敞面朝向园中优美的景色，闭合面朝向不好的景色，以达到最优的观景效果。

（2）休闲功能

廊最初的基本功能就是帮助游人躲避雨雪和太阳的暴晒，减缓雨水对外墙墙体的侵蚀。古时建筑分布十分分散，房屋之间相隔较远，制约了人们的活动范围，作为联系各个建筑的过渡空间，园廊便应运而生。廊中的坐凳方便人们休憩，人们可以停下脚步，聚在一起赏景、下棋、聊天、弹奏乐器，满足了人们的交际需求。

（3）组织交通

园林中的建筑、水体、植物、山石等可以组成丰富多彩的园林景观。廊可作为观赏路线将各种要素联系起来，引导游人的游览，因此廊在园林空间中是非常重要的，具有组织交通的作用。

而对于私家园林来说，廊在某种程度上能够以"线"联系全园。廊之所以能引导路线，是因为廊具有明确的空间界定性和方向指向性。廊在园林中是通过其在景观与景观之间、建筑与景观之间形成的具有中介空间性质的游览路线而反映出来的。私家园林面积较小，为了在小空间中延长游览路线，扩展园林空间，在造园时通常采用曲廊的建造形式。如留园东部的曲廊，迂回曲折的廊子增加了空间的多变性，使得人行其间时感觉空间更大，距离更长，几步一折，数步一转，步移景异，令人流连忘返。因而明明是不到半亩之地，却感觉有五里、十里之遥，大大延长了游览时间。可见游廊与园路的充分配合，在组织路线和引导暗示游人方面发挥了重大作用。

（4）过渡空间

横向上，廊不仅提供狭长的垂直分隔面，还为人们提供了充足的活动空间。中国许多古代名园会采用不同空间"围"与"透"的处理来形成空间的渗透和层次。如南京瞻园中北部最大的水面与东部水面相连处有一桥廊跨水而过分割空间，又使两边景色互相渗透，东部水面以廊道围合形成闭合水院。从东部景区入口进入，一段廊子不断转折延伸，在南北方向环绕水面。北侧的廊沿墙设置，比较平直，游人通过这段过渡空间进入尽端的延晖亭。而南侧的廊由于地势倾斜形成叠落廊，立面上有明显起伏变化，水平方向上也多有蜿蜒曲折。站在高处，视野能够完全俯瞰北侧景色。南北两侧园廊都依水而建，既相互对比又相互呼应，将东部水面环抱成一个整体，并与原先纵轴线上的游廊连接起来，合理组织了水体空间，形成循回往复的参观游线。游人可以从不同视角和高度观赏自然景色，使两处景色相互透视，山水相互渗透，达到空间隔而不断、往复无尽的效果。

廊通常布置于两个建筑物或两个观赏点之间，成为划分空间的一种重要手段。在廊的一边可透过柱子之间的空间观赏到廊子另一边的景色，像一层帘子一样，似隔非隔，若隐若现，把廊子两边的空间有机地联系起来，起到一般建筑物达不到的效果。

2.2　廊的特点

（1）连续性

"间"作为廊的基本组成单元，重复连续而组成"廊"。3～5间可组成一列廊，平面形式可曲可直，延绵不尽。在中国古典园林中，　由十几间或数十间组成的廊是很常见的，如颐和园的长廊由273间组成，建筑效果灵活且壮观。廊也可以连接各单体建筑，组成建筑群体，如承德避暑山庄的"万壑松风"建筑群。由于廊具有连续性，因此不论是对于单体建筑还是其他类型的建筑，都起到很好的联系作用。

（2）通透性

廊由柱子或大门洞、漏窗等组成，体态开敞、明朗通透。它在园林中既能围合空间又能分隔空间，将园林空间化大为小，却又隔而不断。既能增加景观层次，又能使空间连续流动。就园林空间来说，"围"与"透"体现出更深远的含义与更丰富的层次。而人们在园林中的游赏，同样需要空间的分与合、开敞与封闭、私密与公共、喧嚣与宁静，所以园林建筑的空间处理，需要"围"与"透"相结合，才能小中见大、实中见虚，使园林建筑空间更加活泼、生动。

2.3　廊的分类

2.3.1　从剖面分析

从廊的剖面分析，可以将廊划分为双面空廊、单面空廊、复廊、双层廊、单支柱廊和暖廊六种形式。

（1）双面空廊

屋顶用柱子支撑、四面通透无墙体的廊。双面空廊是园林中使用最多的廊。它既是通道，可引导游览路线，又可以使游人在其中观赏两面风景，还可以在园林中分隔空间（图2-3-1）。不论在风景层次深远的大空间中，还是在曲折灵巧的小空间中都可以运用双面空廊。例如，北京颐和园的长廊、苏州拙政园的小飞虹、北京北海公园的濠濮间爬山廊等。

图 2-3-1　双面空廊剖面示意

（2）单面空廊

在双面空廊一侧列柱间砌筑实墙或半空实墙，就形成了单面空廊（图 2-3-2）。单面空廊有两种形式：一种是一侧面向主要观赏面，另一侧沿墙或附属于其他建筑物；另一种是其相邻空间需要完全分隔，则做实墙处理，若需要添加次要景色，则可用空窗或漏窗等形式增加趣味。单面空廊一般采用单坡形廊顶，有利于排水。

图 2-3-2　单面空廊剖面示意

（3）复廊

复廊是在双面空廊的中间隔一道墙，形成两侧单面空廊的形式。中间墙上多开有各种样式的漏窗，从廊的一边可以透过漏窗看到廊另一边的景色。这种复廊一般建在廊的两边都有景物，而景物的特征又各不相同的园林空间中。墙的划分和廊的曲折变化能够延长交通线的长度，增加游廊观赏中的趣味，达到小中见大的目的。在江南园林中有不少优秀的实例，例如位于苏州沧浪亭东北面的复廊（图 2-3-3、图 2-3-4）。它妙在借景，沧浪亭本身无水，但北部园外有河有池，因此，在园林总体布局中，把建筑物尽可能移向南部，而在北部则顺着弯曲的河岸修建空透的复廊，西起园门、东至观鱼处，以假山砌筑河岸，使山、水、建筑结合得非常紧密。这样处理，游人还未进园即有"身在园外，仿佛已在园中"之感。进园后在曲廊中漫游，行于临水一侧可观水景，仿佛河、池仍为园林不可分割的一部分；透窗延至南面廊中。通过复廊，园外的水和园内的山互相因借，手法绝妙。

（4）双层廊

又称楼廊，提供了在上、下两层不同高度的廊中观赏景色的条件（图 2-3-5）。有时，双层廊也便于联系不同标高的建筑物或风景点，以组织人流；同时，由于双层廊富于层次上的变化，也有助于丰富园林建筑的体型轮廓。依山、傍水、平地上均可建造，例如北海琼岛的"延楼"、扬州何园的双层廊。

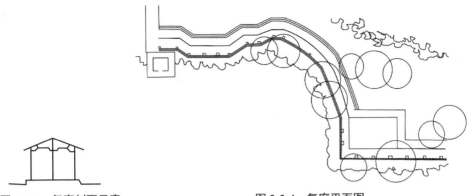

图 2-3-3 复廊剖面示意　　　　　图 2-3-4 复廊平面图

（5）单支柱廊

单支柱设置于廊中央作为支撑，屋顶两端略向上反翘，或做折板或做独立几何状连接成一体，造型轻巧通透（图 2-3-6）。单支柱廊在现代园林中广泛使用，得益于钢筋混凝土结构等新材料和新技术的成熟发展。

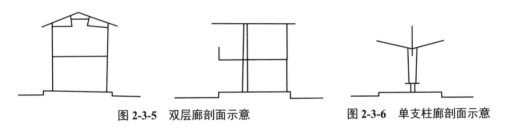

图 2-3-5 双层廊剖面示意　　　　　图 2-3-6 单支柱廊剖面示意

（6）暖廊

设有可装卸玻璃门窗的廊。暖廊既可以防风雨又可以保暖隔热，适合气候变化大的地区及有保温需求的建筑。如为植物盆景等展览使用的廊，或连接有空调的房间，一般园林中较少运用。

2.3.2　从平面分析

从平面分析，可以将廊划分为直廊、曲廊、回廊和抄手廊等四种形式（图 2-3-7）。

① 直廊：可从周围环境入手体现一种呼应的手法和技巧，如园路的走向、铺装的线条以及人们视线的引导都可以通过直廊得到呈现。通直的线条将人们的视线聚焦为一点，十分具有控制力。

② 曲廊：曲廊的一部分依墙而建，其他部分转折向外，组成墙与廊之间不同大小、不同形状的小院落，其中栽花木、叠山石，为园林增添无数空间层次多变的优美景色。

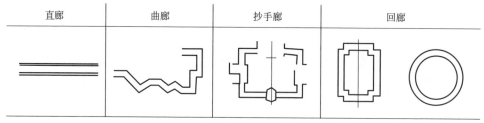

| 直廊 | 曲廊 | 抄手廊 | 回廊 |

图 2-3-7　四种不同平面形式的廊

2.3.3　从立面分析

从立面分析，古典园林中的廊多为坡屋顶廊，现代园林中常见的形式更为多样，比如平顶廊、拱顶廊和褶板顶廊等类型都较为常见。

2.3.4　从环境分析

从廊所处的环境位置分析，可以分为爬山廊、叠落廊、水廊、桥廊、平地廊等五种形式（图 2-3-8）。

爬山廊建于山间，不仅可以使山坡上下的建筑之间有所联系，而且廊随地形有高低起伏变化，与地形等环境有共生一处的自然效果，使得园景丰富。

桥廊的设计与设置增加了水体与廊的视线通透感。此外，桥廊的设计结合景观的夜景或亮化处理会增加桥廊的亮点。桥廊在夜景的映衬中，在水面倒影的衬托下，会呈现出不一样的景观韵味。

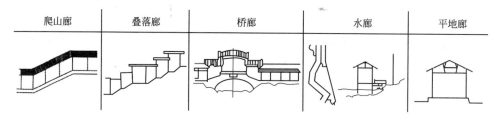

| 爬山廊 | 叠落廊 | 桥廊 | 水廊 | 平地廊 |

图 2-3-8　从环境分析五种不同类型的廊

2.4　廊的设计要点

2.4.1　平面设计

根据廊的位置和造景需求，廊的平面可以设计成直廊、曲廊、回廊、抄手廊、圆形廊和弧形廊等形式。

2.4.2 立面设计

园林中常见的亭廊组合或廊树组合的形式，是丰富廊立面造型的常用手法。设计时要注意建筑组合的完整性和主要观赏面的景观透视效果，使建筑组合具有统一的风格。

2.4.3 出入口的过渡

廊的出入口是人流集散的地方，通常出现在廊的两端或中部某处。平面上应适当扩大其空间，以疏导人流和适应其他活动的需要（图2-4-1）。立面也应重点强调，以突出其美观效果。此外，一些功能空间的入口可以作为室内外空间的过渡，加强室内外的交流，增加场地的自然气息和开敞性。

图 2-4-1　出入口空间

2.4.4 造景手法

在园林设计中常运用廊来分隔空间，其手法或障或露。因地制宜，充分保护和利用自然环境，创造各种景观效果。在平面形式上，可采用曲折迂回的办法（即曲廊的形式）来划分大小空间，增加平面空间层次，改变单调的感觉（图2-4-2）。

2.4.5 内部空间处理

廊的内部空间设计是廊在造型和景致处理上的主要内容。廊是狭长的观景建筑物，尤其是直廊，空间容易显得单调，因此要有动与静的对比和良好的对景，道路要曲折迂回。把廊设计成多折的曲廊，可使其内部空间产生层次变化（图2-4-3）。在廊内适当位置做横向隔断，在隔断上设置花格、门洞、漏窗等，可增加廊内空间的层次感和深远感。在廊内布置一些盆树盆花，不仅可以丰富廊内空间的变化效果，还能增加游人的游览兴趣。在廊的一面墙上悬挂书法、字画，或装一面镜子以形成空间的延伸与穿插，可以获得扩大空间的感觉。将廊内地面高度升高，并设置台阶，也可以丰富廊内空间变化。

图 2-4-2　园廊内部空间

图 2-4-3　曲廊

2.4.6　要素的组合设计

廊作为建筑与建筑之间的连接通道，往往与亭形成组合，广泛应用在园林中。除此之外，还可以结合榭、山石、水池等创造丰富的竖向变化和空间组合，形成丰富多样的景观界面（图2-4-4、图2-4-5）。

图 2-4-4　廊与水池

图 2-4-5　廊连接建筑

2.4.7　廊的细部装饰

廊的装饰应与其功能、结构密切结合。廊檐下的花格、挂落在古典园林中多采用木制，雕刻精美；而在现代园林中则取样简洁坚固。可以在休息椅凳下常设置花格，与上面的花格相呼应。另外，在廊内部的梁和顶上可绘制彩画，从而丰富游廊内容（图 2-4-6、图 2-4-7）。

在色彩上，南方的廊与北方大不相同。南方的廊与建筑配合，多以灰蓝色、深褐色等素雅的色彩为主，给人以清爽、轻盈的感觉；而北方的廊多以红色、绿色、黄色等艳丽的色彩为主，以显示富丽堂皇。在现代园林中，较多采用水泥材料，色彩以浅色为主，以取得明快的效果。

图 2-4-6　廊的细部装饰一

图 2-4-7　廊的细部装饰二

2.5　廊的位置选择和布局

2.5.1　平地建廊

在古典园林中的小空间或小型园林中建廊，常沿界墙及附属建筑物以"占边"的形式布置。形制上有在庭园的一面、二面，三面和四面建廊的，在廊、墙、房等围绕起来的庭园中部组景，形成兴趣中心，易于形成四面环绕的向心式布置格局，以争取中心庭园的较大空间。

在现代园林中，平地建廊主要是利用廊围合、组织空间；同时，也可以作为动观的导游路线，连接于建筑单体或景点之间，并于廊内设置坐凳，为人们提供休憩场所（图 2-5-1）。设计时，廊平面的曲折变化应视两侧的景观效果和功能要求确定，随形而曲，自由变化，既能保证面向主要景物，又能争取创造休憩的小空间。

图 2-5-1　平地建廊

2.5.2　水边或水上建廊

在水边或水上所建的廊，一般称为水廊，用于欣赏水景及联系水上建筑，形成以水景为主的空间。水廊有位于岸边的和完全驾于水上的两种形式（图 2-5-2、图 2-5-3）。位于岸边的水廊，廊基一般紧接水面，廊体也尽量与水接近。廊基即是驳岸，廊一面倚墙，一面临水。在水岸曲折的情况下，廊也应尽可能沿着水边，顺应自然之势。若能部分挑出水面，则临水观景效果更佳。

图 2-5-2　水上建廊

图 2-5-3　水边建廊

2.5.3　桥廊

　　桥廊在我国很早就开始建造，它与桥亭一样，除了供休息、观赏外，对丰富园林景观也起着很重要的作用。桥的造型在园林中比较特殊，它横跨水面，在水中形成倒影而引人注目。桥上设亭、廊更可锦上添花。例如，苏州拙政园松风亭北面一带的游廊，曲折多变，其中"小飞虹"一段是跨越水面的桥廊，形态纤巧优美，其北部是香洲，北面临水，南对"小沧浪"，前后都与折廊相连通，可达"远香堂"和"玉兰堂"等主体建筑（图 2-5-4、图 2-5-5）。

图 2-5-4　小飞虹

图 2-5-5　桥廊

2.5.4　山地建廊

　　山地建廊，功能上将山地不同高程的建筑用廊连接成通道以避雨防滑，景观上也可借以丰富山地建筑的空间构图。廊依山势蜿蜒曲折而上，地形坡度大时，梁柱间不能保持直角正交，屋顶呈斜坡式，称为爬山廊。如北海濠濮间，山石环绕，树木茂密，环境清幽，以爬山廊连接了四座房屋，呈曲尺状布局。廊从起到落，跨越起伏的山丘，结束于临池的水榭，手法自然，富于变化（图 2-5-6、图 2-5-7）。

图 2-5-6　濠濮间

图 2-5-7　爬山廊

2.6　廊的施工图绘制与实例

2.6.1　施工图绘制要点

　　廊的施工图一般包括平面图、立面图（立面展开图）、剖（断）面图、节点大样图等。平面图表示廊的平面布置、各部分的平面形状；立面图表现廊的立面造型及主要部位高程；剖（断）面图表示廊某处内部构造及结构形式、断面形状、材料、做法和施工要求等。本节实例中廊的实景照片如图 2-6-1 所示。

图 2-6-1　长廊实景照片

2.6.2　施工图绘制步骤

（1）平面图

底平面图是水平全剖面图，剖切平面是位于基础上方的水平面，表示基础位置与结构、台阶位置、座椅和柱的布置，以及其他构配件的位置和大小。顶平面图主要表示廊的顶部结构、材质和尺寸（图2-6-2、图2-6-3）。

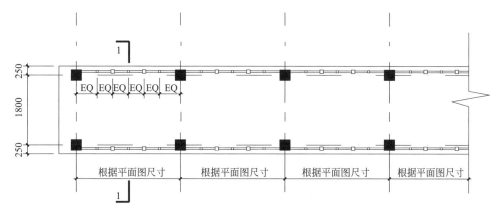

图 2-6-2　廊的底平面图

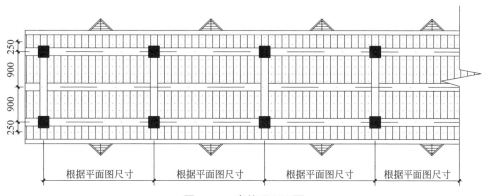

图 2-6-3　廊的顶平面图

（2）立面图

廊的立面图是在与廊架立面平行的投影面上所画的投影展开图（图2-6-4）。其内容主要是反映廊架的外形和主要部位的标高及构造。外形复杂的廊架应该有多个立面图来表现其外观造型效果。它们是施工的重要依据。

绘制廊的立面图时，可先绘制室外地平线、柱的结构中心线，柱及廊的顶构造厚度；其次绘制门、窗洞等结构；在整体结构确定的基础上，绘制构造柱、座椅等细部结构，根据规范调整图纸线型；最后对于材料名称、细部尺寸和详图索引等进行标注。

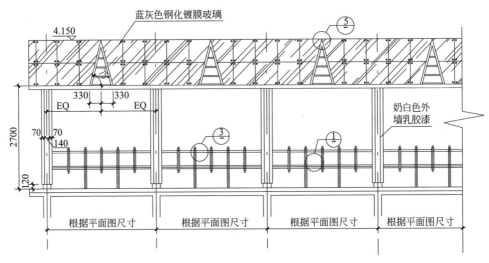

图 2-6-4　廊的立面图

（3）剖面图

剖面图是表示廊顶部横架结构与柱之间各部位标高的图纸，剖面图与平面图、立面图相配合，可以完整表达廊架的施工工艺及结构的主要内容（图 2-6-5）。

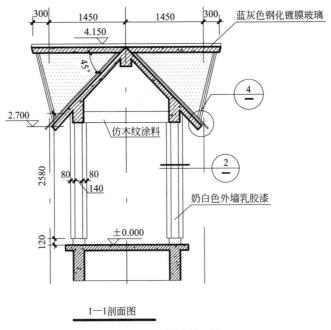

1—1剖面图

图 2-6-5　廊的剖面图

（4）节点大样图

廊有许多细部构造，如柱、座椅、楼梯和装饰等，它们需要在施工图上准确地反映出来，以便更好地体现设计构思和施工工艺（图2-6-6）。但是这些部分尺寸较小，因此需要用较大比例来绘制这部分的图样。

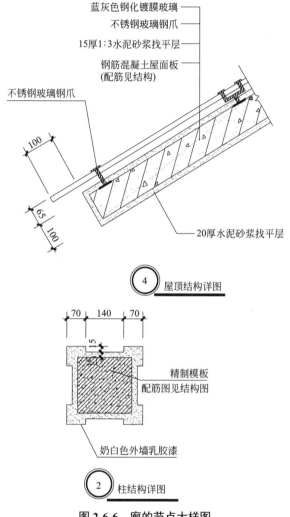

图 2-6-6　廊的节点大样图

2.6.3　钢结构廊实例

钢结构或钢与木结合构成的廊也是很多见的，轻巧、灵活、机动性强，可作为场景的边界或入口的地标性构筑物。这种材质的属性和散发出来的钢筋的景观魅力都会给场景增添一些景观中少有的力量感（图2-6-7）。

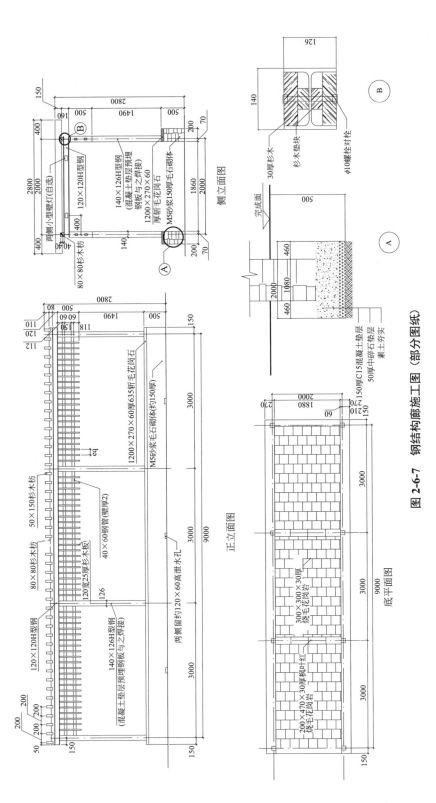

图 2-6-7 钢结构廊施工图（部分图纸）

2.7 钢筋混凝土廊施工

某单位为满足职工休憩与观赏需要，在庭院内建造一处钢筋混凝土廊（图 2-7-1）。根据廊的构造设计要求，正确进行施工。

图 2-7-1　钢筋混凝土廊实景图

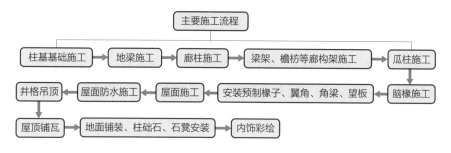

2.7.1　柱基基础施工

本案例中廊的基础是独立基础，其施工顺序如下：

定点放线→基础开挖→坑底素土夯实→ 200mm 厚 3∶7 灰土铺筑→素混凝土垫层浇筑→二次放线→钢筋绑扎→模板支设→混凝土浇筑→混凝土振捣→混凝土找平→拆除模板→基础混凝土养护。

（1）定点放线

根据图纸（图 2-7-2 ～图 2-7-5）设计要求和地面坐标系统的对应关系，使用全站仪将廊架的基础平面位置测放到地面上，确定廊架基础轴线位置，并将其引到基坑以外不会被破坏的地方，同时将每个基础承台的位置边线用白灰标记出来。

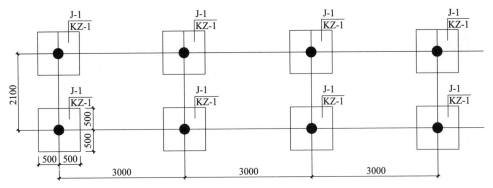

图 2-7-2　基础 1 平面布置图

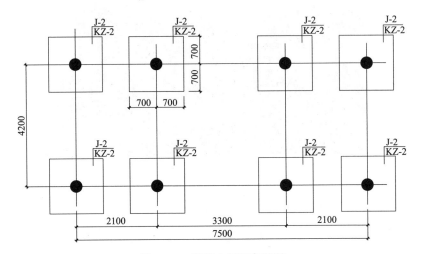

图 2-7-3　基础 2 平面布置图

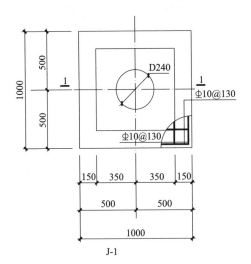

图 2-7-4　基础 1 尺寸

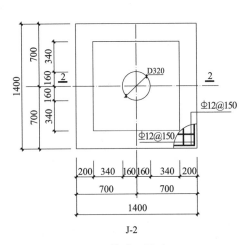

图 2-7-5　基础 2 尺寸

（2）基础开挖

基础大小由廊柱的直径大小而定。本案中廊柱的直径有两种，即 320mm 和 240mm。其对应的基础承台大小分别是 1400mm×1400mm 和 1000mm×1000mm，基础埋深 1200mm。机械开挖时预留 100～200mm 的余土使用人工挖掘（图 2-7-6）。开挖时每边要留出 300mm 的作业面，并需实时测量标高，防止出现超挖或欠挖的情况。

（3）坑底素土夯实

当挖土接近设计标高后，可用打夯机进行素土夯实，达到设计要求的素土夯实密实度，素土夯实后达到设计标高。

（4）200mm 厚 3∶7 灰土铺筑

在铺筑灰土前，应将周边的浮土、杂物全部清除，并洒水湿润。然后根据图纸设计要求的厚度（200mm）摊铺灰土，摊铺平整后夯打密实。

（5）素混凝土垫层浇筑

灰土铺筑后，在灰土层上浇筑 100mm 厚 C15 素混凝土垫层，使用平板振动器振捣密实，待凝结硬化后再洒水养护（如图 2-7-7）。

图 2-7-6　基坑开挖施工

图 2-7-7　混凝土垫层养护

（6）二次放线

当垫层混凝土达到一定强度后，按施工图纸（图 2-7-2、图 2-7-3）中轴线的位置在其上弹出轴线和基础边线，确定承台钢筋网的位置（图 2-7-8）。

图 2-7-8　垫层弹线

（7）钢筋绑扎

钢筋绑扎前，按照施工图（图 2-7-9）中钢筋的尺寸及数量进行钢筋加工。加工好钢筋后在垫层上铺设基础承台钢筋网片，进行钢筋绑扎。钢筋绑扎不允许漏绑。柱插筋按图纸中钢筋的排布进行绑扎（图 2-7-10），柱插筋弯钩部分必须与底板筋绑扎（图 2-7-10），连接点必须全部绑扎。距底板 5cm 处绑扎第一个箍筋，距基础顶 5cm 处绑扎最后一道箍筋，作为标高控制筋及定位筋。柱插筋最上部再绑扎一道定位筋，上下箍筋及定位筋绑扎完成后将柱插筋调整到位并用井字木架临时固定，然后绑扎剩余箍筋，保证柱插筋不变形走样。两道定位筋在基础混凝土浇筑完成后，必须进行更换。底部钢筋网片应用与混凝土保护层同厚度的水泥砂浆垫塞。

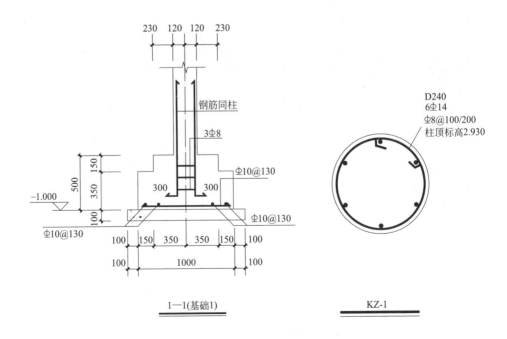

1—1（基础1）　　　　　　　　　　　　KZ-1

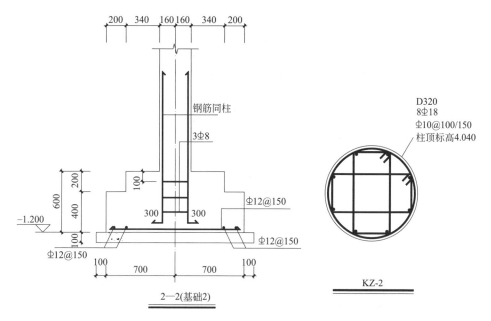

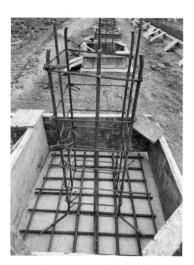

图 2-7-9　柱插筋及�插筋施工图

（8）模板支设

钢筋绑扎及相关专业施工完成后，立即进行模板安装，按照承台大小加工模板，按墨线位置确定承台模板外边，将模板通过木枋和铁钉进行连接加固（图 2-7-11）。然后按照二级承台的大小加工并安装模板，上下两层承台模板通过木枋或钢管进行连接、加固（图 2-7-12）。

（9）混凝土浇筑

浇筑混凝土前，先将模板内的木屑、泥土等杂物清理干净，浇水湿润模板，堵严板缝及孔洞。混凝土应分层连续进行，间歇时间不得超过混凝土初凝时间，一般不超过 2h。为保证钢筋位置正确，先浇一层 5～10cm 厚的混凝土固定钢筋。然后再将混凝土倾倒入模板内，混凝土高度同模板高度齐平。

图 2-7-10　柱插筋绑扎

注意事项：混凝土卸料时尽量分层下料，每层厚度为振动棒的有效振动长度。防止由于下料过厚、振捣不实，及漏振、吊帮的根部砂浆涌出等原因造成蜂窝、麻面或孔洞。

图 2-7-11 一级承台支模

图 2-7-12 二级承台支模

（10）混凝土振捣

将混凝土倾倒入模板内，人工摊平后开始振捣混凝土，振捣混凝土采用插入式振捣棒振捣。振捣时应经常观察模板、支架、钢筋等有无走动情况。一经发现有变形、走位或位移时，应立即停止浇筑，并及时修整和加固模板，然后再继续浇筑。

（11）混凝土找平

混凝土振捣密实后，表面应用木抹子搓平，收面前必须校核混凝土表面标高，超高部分应刨除，低洼处应填筑混凝土并振捣密实。

（12）拆除模板

当混凝土强度达到设计强度时，方可拆除模板。拆除模板时，先将加固使用的木枋、钢管等进行拆除（图 2-7-13）。然后再拆除承台外模，拆除时应注意不要破坏混凝土结构。

（13）基础混凝土养护

拆模后对混凝土加以覆盖和浇水。浇水次数应能保持混凝土足够湿润。

2.7.2　地梁施工

地梁施工的流程为：二次放线→模板支设→钢筋绑扎→混凝土浇筑→混凝土振捣→混凝土找平→混凝土养护→模板拆除→基础混凝土养护。

具体施工要点基本同基础承台施工流程（如图2-7-14）。

图 2-7-13　模板拆除后的柱基础及承台

图 2-7-14　地梁施工

2.7.3　廊柱施工

本工程廊柱有两种规格，即直径320mm和直径240mm，柱顶高度分别是4.04m和2.93m。廊柱混凝土采用分段式浇筑，即绑扎一段钢筋、支设模板再完成混凝土浇筑，待混凝土凝结达到强度后再进行下一段施工，依次循环往复完成立柱的施工。

施工时先按照图纸中的要求将立柱的钢筋绑扎到位，绑扎时注意箍筋叠合处应错开放置，然后固定牢固（图 2-7-15），再采用钢模作为立柱模板进行支设，并调整标高和垂直度。最后再浇筑混凝土（图 2-7-16）。浇筑柱身时，要注意以下事项。

图 2-7-15　廊柱绑扎箍筋　　　　　　　图 2-7-16　廊柱分层浇筑

（1）底部先填减石子砂浆

浇筑前底部应先填 5 ～ 10cm 厚与混凝土配合比相同的减石子砂浆。

（2）浇筑高度小于 2m

混凝土自吊斗口下落的自由倾落高度不得超过 2m。浇筑高度如果超过 3m，则必须采取措施，用串筒或溜管等。

（3）分层浇筑

柱混凝土应分层浇筑振捣。使用插入式振捣器时，每层厚度不大于 50cm，振捣棒不得触动钢筋和预埋件，插点要均匀排列，逐点移动，顺序进行，不得遗漏，做到均匀振实。表面振动器（或称平板振动器）的移动间距，应保证振动器的平板覆盖已振实部分的边缘。

（4）连续浇筑

浇筑混凝土应连续进行，如必须间歇，其间歇时间应尽量缩短，并应在前层混凝土初凝之前，将次层混凝土浇筑完毕。间歇的最长时间应根据所用水泥种类、气温及混凝土凝结条件等实际情况确定。

（5）模板、钢筋等不得移动

浇筑混凝土时应经常观察模板、钢筋、预留孔洞、预埋件和插筋等有无移动、变形或堵塞情况。发现问题应立即处理，并在已浇筑的混凝土初凝前修整完好。

2.7.4 梁架、檐枋等廊构架施工

古建木结构中最主要的承重构件是柱和梁，辅助稳定柱与梁的构件就是枋。古建中枋类构件很多，有用于下架联系稳定檐柱头和金柱头的檐枋（额枋）、金枋及随梁枋、穿插枋；有用在上架稳定梁架的中金枋、上金枋、脊枋；也有用在建筑物转角部位，稳定角柱的箍头枋。额枋是用于大式带斗拱建筑中的名称，在无斗拱建筑中则称为檐枋。

在仿古建混凝土结构中，一般用屋面框架梁和框支梁来代替梁架、檐枋、脊枋等。梁架、檐枋浇筑根据夹层梁施工图（图2-7-17）进行施工。施工前，按照施工需要搭设脚手架，脚手架的搭设需符合脚手架搭设规范。搭设好脚手架后，先按照标高调整脚手架顶撑高度，放置木枋，然后支设底膜。再进行钢筋绑扎（图2-7-18），然后安装侧模（图2-7-19）并加固处理，最后进行混凝土浇筑。

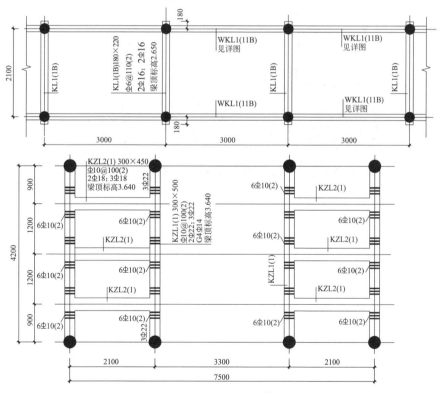

图 2-7-17 夹层梁平法施工图

图 2-7-18　廊梁架钢筋绑扎

图 2-7-19　廊梁架支模

2.7.5　瓜柱施工

梁上的短柱称为瓜柱，按所在位置可分为上金瓜柱、下金瓜柱、脊瓜柱等。瓜柱施工时基本按照放线、绑扎钢筋、支模、浇筑混凝土的顺序进行（图 2-7-20、图 2-7-21）。

2.7.6　脑椽施工

"脑椽"是清式建筑中椽子的名称之一。椽子是密集排列于桁上、并与桁成正交的木条。也就是说，椽子的走向与大多数梁的走向是一致的，而与枋、桁交错。每一根椽子是由上至下，即从屋脊至屋檐连成一体的，看起来就像是一根木料。其实每一根椽子也因上下位置的不同而有不同的名称，主要有：脑椽、花架椽、檐椽、椽头、飞椽等，其结构如图2-7-22所示。混凝土古建是仿古木结构而采用现代施工技术进行的施工建筑方式（图2-7-23、图2-7-24）。施工时，先支模，后布钢筋，再浇筑混凝土。

图 2-7-20　瓜柱钢筋绑扎

图 2-7-21　瓜柱支模

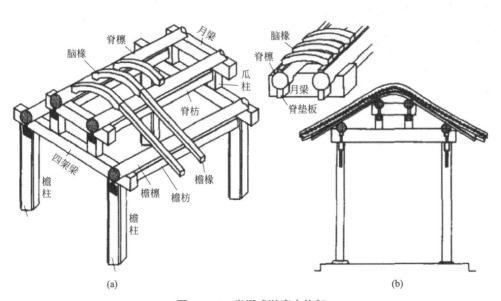

(a)　　　　　　　　　　　　　　　(b)

图 2-7-22　卷棚式游廊木构架

图 2-7-23 钢筋混凝土廊脑椽支模

图 2-7-24 脑椽钢筋绑扎

2.7.7 安装预制椽子、翼角、角梁、望板

本案例中的混凝土椽子、角梁为预制件，需要根据安装时间需求提前一个月以上进行订制。当框架梁、柱强度达到设计要求时，在已完成的主体框架上有序地进行预制椽子的安装（图 2-7-25）。预制椽子采用焊接的形式，将预制件上的铁件与圈梁上的预埋件焊接在一起，并在椽子顶部预留企口，用于望板的安置。椽子及望板作为屋面现浇板的模板使用，等绑扎完屋面板钢筋，浇筑屋面板混凝土后两者自成一体，从而完成仿古建筑构造施工。

图 2-7-25 安装椽子、角梁

2.7.8 屋面施工

按屋面施工图纸进行屋面施工。

屋面现浇混凝土施工方法参照《仿古建筑斜坡屋面现浇混凝土施工工法》。其工法特点是：采用竖向定位木龙骨作为控制坡屋面结构的厚度及安装面层模板的依据；面层模板则预先制作好，施工时逐级摆放、安装，逐级浇筑；模板安装与浇筑混凝土互不干扰工作面，从低处向高处依次循环进行，操作简单、方便，不仅有利于保证混凝土结构的质量，同时还加快了施工进度。其施工操作要点如下。

（1）底层模板安装

模板应根据混凝土浇筑要求的流水线安装；若为双坡屋面结构，还应考虑对称安装。

底层模板安装前，先检查支撑体系是否符合模板方案的设计要求。方木楞应固定牢固，底层模板一般采用木胶合板或竹胶合板，底层模板应钉设牢固，拼缝严密，标高及平整度经检查符合要求。

（2）安装限位止水螺栓

在底层模板上按方案设计尺寸弹划出限位止水螺栓的位置，进行打孔，穿过螺杆，底端螺母固定止水螺栓，规格可采用 ϕ10mm，止水片规格采用（50～80）mm×（50～80）mm。止水片与螺栓应满焊严密，布设好的止水螺栓，止水片应位于屋面钢筋混凝土板的中心线上。

（3）布设竖向龙骨

竖向龙骨可采用40mm×60mm或50mm×50mm的方木双拼包裹螺栓上部。双拼间的空隙用小木条夹钉。竖向龙骨的下边缘至底层模板面为屋面结构层厚度的尺寸。

（4）面层模板安装

面层模板经放样要求事先预制好，宽度一般采用300～500mm，长度采用900～1200mm为宜。预制时尽量采用同一模数级，不足处经现场放样后确定。这样一方面便于模板安装、周转，节约材料；另一方面也有利于混凝土浇筑及在施工中检查混凝土浇筑是否密实，可适当减少混凝土上、下层搭接时间，减少冷缝产生。分级面层模板预制时的长度模数应比两侧竖向龙骨之间的净距小10mm（两端各5mm），两侧边加钉30～50mm长，断面为30mm×40mm的侧压龙骨，并在两侧龙骨长度的一半处均钻直径10mm的水平孔，以便安装时两侧与钻孔的竖向龙骨用8mm直径的钩头插销固定。分级面层模板应逐级逐段安装。

（5）屋面板钢筋绑扎

按照设计图纸进行钢筋绑扎，钢筋相应绑扎牢固，以防止浇捣混凝土时因碰撞、振动使绑扣松散、钢筋移位（图2-7-26、图2-7-27）。

（6）浇筑混凝土

浇筑混凝土时在模板面上口可临时设置500mm高的挡板，避免浇筑时骨料滑落，采用 ϕ30mm的小型振动棒振捣。浇筑过程中可采用小锤敲击检查是否已浇筑密实。浇筑混凝土时，可以屋面檐口为起点，本着不留直缝，不留冷缝的原则，自下而上，对称逐级逐段浇筑，直至浇筑结束。浇筑混凝土时的坍落度应控制在160～180mm之间。

图 2-7-26　博风板装模板

图 2-7-27　屋面模板和钢筋绑扎

（7）拆模

混凝土终凝后即可浇水养护，养护期不少于 14 天。面层模板可在混凝土强度达到 1.2kN/m 后拆除。拆模时严禁乱撬，以免造成止水螺栓松动，底层模板则应根据规范中有梁板拆模的规定进行拆模。拆模后同时割掉上下外露的止水螺杆并做防锈处理。

（8）修补找平

混凝土凝结后，使用水平仪、水平尺等工具测量屋面标高及平整度。根据屋面高差使用 1 ∶ 2.5 水泥砂浆将屋面进行人工找平，保证屋面平整度、坡度等符合设计要求。

（9）养护

找平层完成后，同样需要进行洒水养护，养护时间不少于 7 天（图 2-7-28）。

图 2-7-28 屋面混凝土养护

2.7.9 屋面防水施工

钢筋混凝土屋面由于一年四季经受风吹雨打，温度变化极大，环境恶劣，因此极易产生裂缝。现浇钢筋混凝土屋面裂缝的出现是导致屋面渗水的最主要因素。所以屋面现浇混凝土完成后还要做防水层（图 2-7-29），这样才能确保屋面不渗漏。屋面防水层制作大致流程如下。

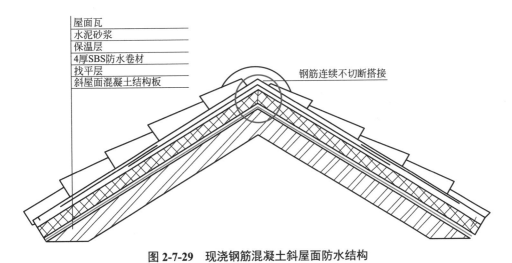

图 2-7-29 现浇钢筋混凝土斜屋面防水结构

① 清理屋面的卫生，确保不存在灰尘、污渍。

② 铺防水卷材，防水卷材顺流水方向铺设，卷材搭接宽度长边为 8 ～ 10cm，短边为 10 ～ 15cm。相邻短边接缝应错开 100cm 以上。

③ 做完防水层后还要在其上做一道保温隔热层，最后再在其上面加设一层 3cm 厚的水泥砂浆保护层，该层内布钢丝网。

图 2-7-30　井格吊顶施工

2.7.10　井格吊顶

井格吊顶是利用井字梁因势利导或为了顶面的造型所制作假格梁的一种吊顶形式（图2-7-30）。也是古建筑常用的吊顶形式之一。

2.7.11　屋顶铺瓦

本项目屋顶使用的是屋面瓦（如琉璃瓦、小青瓦），其施工操作要点如下。

2.7.11.1　施工准备

（1）基层验收

① 组织对上一道工序的验收，清除混凝土基层表面的残留隔离剂、砂浆和灰尘等，并对屋面突出部位和蜂窝等进行处理。

② 对30°以上坡屋面采用预埋铜丝挂瓦条，基层施工应注意检查，确保铜丝挂瓦条的间距、位置、数量能满足要求。

（2）安排专人对瓦件进行挑选

① 采取手敲、听声、尺量、分类堆放等手段对琉璃瓦色泽进行选择，并对外观尺寸进行分类。不合格的一律剔除。同一坡面选择同一色泽瓦，不能掺和使用，以达到整体色泽相协调。

② 提前四小时将瓦用清水浸泡，贴前取出晾干至瓦面无水渍方可使用。

2.7.11.2　瓦垄定位

（1）平面定位——分中、号垄、排瓦当

分中、号垄、排檐头瓦当是瓦作的第一步工作。分中是确定屋面几个关键位置的定位（图 2-7-31）。号垄是将檐头确定的瓦垄位置平移到屋脊处。排瓦当是沿屋檐依照分中位置确定其余瓦垄的位置。

"底瓦坐中"是明清官式建筑的重要法式。确定了屋面底瓦之后，由两山面博风板外皮向内反，大约不到两个瓦口的宽度，这就是两边瓦垄的位置。

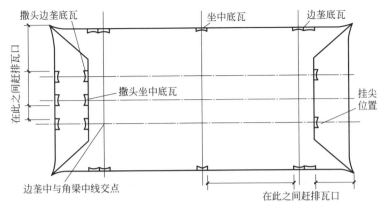

图 2-7-31　瓦垄定位示意

（2）高度定位——瓦边垄、栓定位线

在每坡两端边垄位置拴线、铺灰，各瓦两趟底瓦、一趟盖瓦。两端的边垄应平行，囊（瓦垄的曲线）要一致，边垄垄囊要随屋顶囊。在实际操作中，瓦完边垄后应调垂脊，调完垂脊后再瓦（四声）瓦。

以两端边垄盖瓦垄"熊背"为标准，在正脊、中腰和檐头位置拴三道横线，作为整个屋顶瓦垄的高度标准。脊上的叫"齐头线"，中腰的叫"楞线"或"腰线"，檐头的叫"檐口线"。

2.7.11.3　瓦檐头勾滴瓦

勾滴瓦即勾头瓦和滴水瓦（滴子）。檐头勾头瓦和滴水瓦要拴两道线，一道线拴在滴水尖的位置，滴水瓦的高低和出檐均以此为标准。第二道线即冲垄之前拴好的"檐口线"，勾头的高低和出檐均以此为标准。滴水瓦的出檐最多不超过本身长度的一半，一般在 6～10cm 之间。勾头出檐为瓦头（瓦当）的厚度，也就是说，勾头要紧靠着滴子。勾头的高低以檐线为准。

滴子瓦蚰蜒当。勾头之下，应放一块遮心瓦（可以用碎瓦片代替）。遮心瓦的作用是遮挡勾头里的盖瓦灰。然后用钉子从勾头上的圆洞钉入灰里，钉子上扣钉帽，内用麻刀灰塞严。在实际操作中，为防止钉帽损坏，往往最后扣安。为操作方便，瓦檐头勾滴瓦可随瓦每垄瓦进行。

2.7.11.4　瓦（四声）板瓦、筒瓦

（1）屋面上瓦

要做到有序有计划上瓦，前后坡必须对称上瓦（图 2-7-32），不允许单坡一次性上瓦，并应合理均匀分布，以便于操作。同时在操作中进行第二次审瓦，不准次瓦

上屋面使用，确保质量。

图 2-7-32　屋面上瓦

（2）瓦底瓦（板瓦）

拴好瓦刀线后，铺灰（或泥）瓦底瓦（图 2-7-33）。如用泥（指掺灰泥）瓦，还可在铺泥（术语称为"打泥"）后再泼上白灰浆，此做法称为"坐浆瓦"。底瓦灰（泥）的厚度一般为 4cm。底瓦应窄头朝下，从下往上依次摆放。底瓦的搭接密度应做到"三搭头"，即每三块瓦中，第一块与第三块能做到首尾搭头。"三搭头"是对大部分瓦而言，檐头和靠近脊的部位则应做到"稀瓦檐头密瓦脊"。底瓦灰（泥）应饱满，瓦要摆正，不得偏歪。底瓦垄的高低和直顺程度都应以瓦刀线为准。每块底瓦的"瓦翅"，宽头的上棱都要贴底瓦垄近瓦刀线。瓦底瓦时还应注意"喝风"与"不合蔓"的问题。"不合蔓"是指瓦的弧度不一致造成合缝不严；"喝风"是泛指合缝不严，既包括瓦的不合蔓，也包括由于摆放不当造成的合缝不严。在操作中应注意避免由于摆放不当而造成的喝风，对于明显不合蔓的瓦应尽量选换。

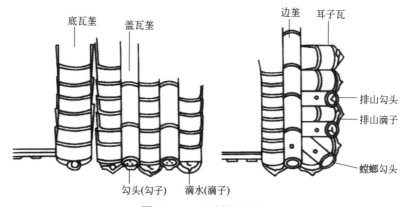
图 2-7-33　瓦片排设方式

（底瓦即为板瓦，盖瓦即为筒瓦）

（3）背瓦翅

摆好底瓦以后，要将底瓦两侧的灰（泥）顺瓦翅用瓦刀抹齐，不足之处要用灰（泥）补齐。"背瓦翅"一定要将灰（泥）"背"足、拍实。

（4）扎缝

背瓦翅结束后，要在底瓦垄之间的缝隙处（称作"蚰蜒当"）用大麻刀灰塞严塞实。这一过程叫做"扎缝"，扎缝灰应能盖住两边底瓦垄的瓦翅。

（5）瓦盖瓦

瓦刀线两端以排好的盖瓦垄为准。盖瓦灰应比底瓦灰稍硬，盖瓦不要紧挨底瓦，它们之间的距离叫"睁眼"。睁眼不小于筒瓦高的1/3。盖瓦要熊头朝上，从下往上依次安放。上面的筒瓦应压住下面筒瓦的熊头，熊头上要挂素灰，即抹"熊头灰"（又叫"节子灰"）。熊头灰应根据琉璃瓦的颜色掺色（黄色琉璃瓦掺红土粉，其他掺青灰）。熊头灰一定要抹足挤严。盖瓦垄的高低、直顺都要以瓦刀线为准，每块盖瓦的瓦翅都应贴近瓦刀线。如果瓦的规格不一致，则应特别注意不必每块瓦都"跟线"，即应"大瓦跟线，小瓦跟中"，否则会出现一侧齐、一侧不齐的情况。

（6）捉节夹垄

将瓦垄清扫干净后用小麻刀灰（掺颜色）在筒瓦相接的地方勾抹，然后用夹垄灰（掺色）将睁眼抹平。夹垄应分糙细两次进行，操作时要用瓦刀把灰塞严拍实，上口与瓦翅外棱抹平。

（7）固定瓦片

对30°以下坡屋面直接采用水泥混合砂浆卧瓦（水泥∶砂∶黏土膏=1∶6.83∶0.659）；对30°以上坡屋面除了在基层施工时预埋双股18#铜丝挂瓦条与瓦件绑扎外（图2-7-34），还要在瓦底采用水泥混合砂浆卧瓦（水泥∶砂∶黏土膏=1∶6.83∶0.659），砂浆要饱满。最薄处水泥砂浆卧瓦层厚度应大于等于20mm。

筒瓦中至中的距离应等于正挡沟长度加灰缝宽度，灰缝宽度最大不超过15mm。

2.7.11.5 安装挡沟瓦

用饱满砂浆将屋脊瓦满卧于两侧的主瓦上，在屋脊瓦和主瓦的交接处采用挡沟瓦，连接主瓦和屋脊瓦，挡沟瓦也要采用饱满砂浆粘贴，以避免雨水侵入瓦内，同时保证屋面瓦的美观性。在屋面阴角处采用排水沟瓦与主瓦连接，做法与主瓦施工工艺相同。

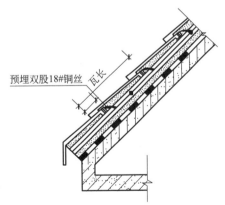

图2-7-34 瓦片固定预埋铜丝

2.7.11.6　安装屋脊瓦

当主瓦施工到屋脊处时，斜脊由斜脊封头瓦开始。斜脊瓦自下向上搭接铺至正脊，用脊瓦铺正屋脊；正屋脊由大封头瓦开始，用脊瓦搭接铺至末端以小封头瓦收口。所有脊瓦安装必须拉线铺设，铺设时应砂浆饱满，勾缝平顺，随装随抹干净，保持瓦面整洁。

2.7.11.7　勾缝

清扫干净屋脊，用掺有同盖瓦相同颜色的麻刀灰等在相接的地方勾抹紧密。要及时将瓦面擦抹洁净，防止灰浆污染釉面。

2.7.11.8　清理

屋面琉璃瓦施工完毕后，清洁瓦面的灰浆，每天在完工部分安装瓦件及最后的工序后，要用干净的棉纱将瓦面清理干净，以保持瓦的清洁及亮度。

2.7.11.9　安装脊兽

中国古建一般为土木结构，屋脊是由木材上覆盖瓦片构成的。檐角最前端的瓦片要承受上端整只垂脊的瓦片向下的推力，同时，如果毫无保护措施也容易被大风吹落，因此，人们用瓦钉来固定檐角最前端的瓦片。在对钉帽的美化过程中逐渐形成了各种动物形象，这就是"脊兽"。

脊兽类别分为仙人、跑兽、垂兽及鸱吻，全称"脊兽"。跑兽是跟在"仙人"后面的那一排动物（图 2-7-35、图 2-7-36），主要起装饰作用。

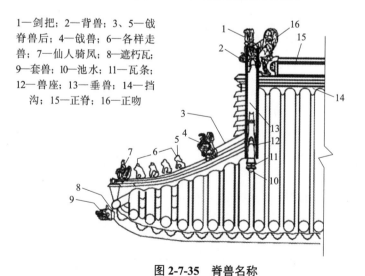

1—剑把；2—背兽；3、5—戗脊兽后；4—戗兽；6—各样走兽；7—仙人骑凤；8—遮朽瓦；9—套兽；10—池水；11—瓦条；12—兽座；13—垂兽；14—挡沟；15—正脊；16—正吻

图 2-7-35　脊兽名称

图 2-7-36　安装脊兽

2.7.12　地面铺装、柱础石、石凳安装

廊装饰施工后，拆除脚手架并平整廊架下部地面，然后将地面夯实使其密实度达到要求后，摊铺 100mm 厚碎（砾）石稳定层并碾压密实，再浇筑 100mm 厚 C20 混凝土基层。本案中的石凳有两种形式，一种是板凳式，另一种是靠背式。施工的工艺和时间均不相同，靠背式是在地面铺装前，板凳式是地面铺装后。

靠背式坐凳的施工流程为：安装预制凳脚→安装坐凳模板→绑扎钢筋→安装预制靠背栏杆→现浇凳板和栏杆压顶混凝土。

板凳式坐凳安装主要根据图纸中的位置使用结构胶把凳板与凳脚固定住。安装时，先按照图纸将凳脚放置位置用墨斗弹出墨线，确定所有凳脚的位置，然后使用结构胶将凳脚固定，同时使用水准仪测量凳脚面标高，确保在同一水平面上。然后在凳脚面上涂上结构胶，将凳面放上去，使用水平尺测量并调整凳面水平（图 2-7-37）。

图 2-7-37　石凳安装

本案中的地面是花岗岩石材地面，做法和园路铺装相似。先将地面外围圈边完成施工，然后再铺 30mm 厚 1∶3 干性水泥砂浆，然后再将里面的石材铺贴完成（图 2-7-38）。

接下来做的是柱础石的安装。柱础石是中国古代建筑石构件的一种，俗称磉盘。就是柱子下面所安放的基石，是承受屋柱压力的奠基石，在中国传统砖木结构建筑中用以负荷和防潮，对防止建筑物塌陷起到重要的作用。柱础石有鼓型、瓜型、花瓶型、宫灯型、六锤型、须弥座型等多种式样。

现代仿古钢筋混凝土园林建筑用柱础石主要是起装饰作用，一般用花岗岩材料切割制作（图2-7-39）。由于是装饰作用，因此安装时多数使用结构胶将其粘接牢固。

图 2-7-38　地面花岗岩铺装

图 2-7-39　柱础石

2.7.13　内饰彩绘

彩绘俗称丹青，对古代建筑来说，彩绘是其重要的组成部分。在古建筑物上绘制装饰画，不仅美观，而且具有一定的防水性，可以延长建筑物寿命。古建彩绘为中国独有，历史悠久，内容丰富多彩，一般分为三类：和玺彩画、旋子彩画和苏式彩画。本案例采用的是和玺彩画（图2-7-40）。

图 2-7-40　彩绘施工

2.8 防腐木廊施工

某乡镇为满足村民休憩与观赏需要，在村里建造一处防腐木廊（图 2-8-1）。根据廊的构造设计要求，正确进行木廊施工安装。

图 2-8-1　防腐木廊实景图

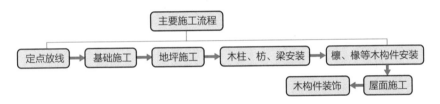

2.8.1　定点放线

定点放线主要是根据图纸中的坐标及尺寸，在现场将其测放到地面上并用白灰及木桩标记。

2.8.2　基础施工

基础施工的流程和施工要点同钢筋混凝土廊基础施工。

基础立柱上的预埋件在浇筑混凝土时埋放进去，并测定预埋件标高。

2.8.3　地坪施工

地坪施工的流程和施工要点同钢筋混凝土廊基础施工。

2.8.4　木柱、枋、梁安装

根据图纸中廊柱的位置，使用全站仪将廊柱的中心坐标测放在预埋件上并用记号笔做记号。然后根据坐标将廊柱架立在预埋件上，通过角件将预埋件与柱连接在一起，依次将所有立柱安装起来（图2-8-2）。然后再通过榫卯工艺安装枋（额枋、檐枋）和梁等，并用铁钉固定制作出整个廊的框架。

图 2-8-2　柱、枋、梁安装

2.8.5　檩、椽等木构件安装

安装檩、椽等木构件前，搭设钢管脚手架，使用木枋等对柱、梁进行临时固定，然后再进行童柱、檩条的安装。安装时根据图纸结构尺寸加工材料，先进行童柱的安装，然后再进行檩条的安装（图2-8-3）。安装后均需施加临时支撑系统，待整个构架全部搭设完毕，加固完毕确认结构稳定后方可拆除。

接下来要做的是椽子的安装。椽子是屋面基层的最底层构件，垂直安放在檩木之上。安装椽子时先按照图纸中的间距进行预排，预排后调整椽子的间距，确认无误后，使用铁钉将椽子固定在檩条上（图2-8-4）。

图 2-8-3　安装童柱、檩

图 2-8-4　安装椽子

2.8.6 屋面施工

施工流程：钉屋面板→屋面板防水→铺铁丝网→盖瓦

（1）钉屋面板

将屋面板由屋面下向屋顶铺设。不足整板的位置进行切割，然后再进行安装。安装时注意调整板面的平整度（图2-8-5）。

（2）屋面防水

屋面防水采用防水卷材SBS。首先清理基层，彻底清扫基层表面的杂物及灰尘，并涂刷冷底子油。在面板上均匀涂刷冷底子油一道，小面积或细部可用毛刷蘸油涂刷。涂刷要均匀一致，不得有露白见底等现象存在。

图 2-8-5 钉屋面板

将改性沥青防水卷材按铺贴长度进行裁剪并卷好备用。平立面卷材长边搭接宽度为100mm，短边搭接宽度为150mm。粘贴时，用液化气喷枪从卷材与粘贴基面成60度夹角，均匀往返烘烤。卷材加热时间不宜过长或过短，以刚烤出沥青油为最佳。手扶卷材两端向前缓缓滚动铺设，要求用力均匀、不窝气，铺设压边宽度应掌握好。上下两层卷材错开1/3幅宽。

对于卷材的接缝处理，无论是垂直面还是水平面上的卷材，其长边与短边的搭接宽度应不小于100mm及150mm。卷材搭接缝处用喷枪加热，用抹子把边均匀细致地封好（图2-8-6）。

图 2-8-6 屋面用 SBS 防水卷材

（3）铺铁丝网

防水卷材施工完毕后，在其面层上铺设一层铁丝网。铺设平整后上下拉紧，并在上下两端用铁钉将铁丝网进行固定。

注意事项：铁钉固定的位置应选择未做防水的位置，不宜破坏防水卷材。

（4）盖瓦

屋面盖瓦是先铺设面瓦再铺设屋脊瓦。铺设时由下而上，由一边向另一边铺设（图2-8-7）。

图 2-8-7　盖屋面瓦

2.8.7　木构件装饰

木构件装饰主要是指美人靠坐凳、梁边雀替等。安装美人靠时按照图纸设计的位置先做凳脚固定，然后制作安装坐凳面，最后安装靠背栏杆。美人靠在靠近立柱的位置需要做拉结杆与立柱连成整体，使背靠更稳定、牢固（图2-8-8）。

图 2-8-8　美人靠

复习思考题

① 廊在园林中的作用是什么?

② 在廊的设计中需要注意哪些设计要点?

③ 廊的类型有哪些? 分别有什么特点?

④ 绘制廊的施工图时,需要注意什么?

⑤ 简述钢筋混凝土廊的施工流程。

⑥ 简述古建筑的脊兽。

⑦ 什么是柱础石? 柱础石有什么作用?

第3章

花架的设计与施工

3.1 花架的含义

花架是用各种材料构成一定形状的格架，供攀缘植物攀附的一类园林设施，又称棚架、绿廊，可供人休憩赏景，并点缀景观。花架一般仅由基础、柱、梁、椽四种构件组成。有些篱架的花格取代了椽子的作用，使得花架的梁和柱组合在一起，所以花架是一种结构比较简单的园林建筑，其造型轻便灵活，让人感觉轻松活泼。

3.2 花架的功能

3.2.1 景观营造功能

花架可应用于各种类型的园林绿地中，往往具有亭、廊的作用。长线布置时，能够像游廊一样连接单体建筑，划分空间，增加景深，形成导游路线等；点状布置时，能够像亭子一般，形成观赏点，并组织对周围景色的观赏。同时，花架也是攀缘植物常见的支撑物，为攀缘植物的生长创造了条件。因此常有亭、廊、花架相结合的形式，使园林景观空间更加活泼、层次丰富。

3.2.2 空间营造功能

由于花架结构形式简单，因此可以容易地与周围环境相吻合。它可以随着蜿蜒的地势爬行而上，可以建于建筑物之上的屋顶花园，可以与整洁的草坪、平静的小溪形成一处自然风景，也可以附于现代建筑之上。总之，它的造型灵活，本身也是景观中的观赏对象。

3.2.3 遮阳休憩功能

花架能围合一个或多个半开敞或者封闭的休憩空间，且藤蔓植物的攀缘与覆盖使其顶部具有了遮阳的功能。即使在炎热的夏季，游人也可在花架下游览、观赏和休息。植物景观的加入，增强了花架的观赏性，与自然环境更好地融合，使园林绿地的休憩功能得到更好的发挥。而且与亭、廊不同的是，花架的空间感更为亲密，尤其是与其相结合的植物为花架增添了生机与活力，使其休憩舒适度得到了提升。

3.3　花架的分类

花架的材质和造型灵活多样，按平面形式可分为点形花架、直形花架、折形花架等；按风格形式可分为田园风格花架、现代简约风格花架、古典风格花架等；按结构形式可分为廊式花架、亭式花架、组合式花架、独立式花架以及附建式花架等五种形式；而按照花架所使用的材料可分为竹木花架、金属花架、钢筋混凝土及石材花架等。不同材质也会产生不同的装饰效果。

3.3.1　按平面形式划分

（1）点形花架

这种花架一般布置在视线的焦点处，使得形体、构图较为集中。由于其具有较好的观赏效果，因此攀缘植物布置不宜过多，只要达到装饰和陪衬的效果即可。这类花架在园林中一般作为独立观赏的景物，因此对外观设计要求较高。

（2）直形花架

这种花架是最为常见的形式，类似于人们所熟悉的葡萄架。其做法为直线立柱，再沿柱子排列的方向布置梁，两排梁上按照一定的间距布置花架条，两端向外挑出悬臂，在柱与柱之间布置坐凳或花窗隔断。

（3）折形花架

在平面形式上，将转折处处理成不同角度（如 60°、90°、120°）或圆弧形式的花架称为折形花架。一般情况下，直角处理位于场地的直角地段；锐角或钝角处理位于场地变化丰富的角隅；弧形处理位于圆形广场或者弧形场地的边缘。

3.3.2　按风格形式划分

（1）田园风格花架

田园风格花架是具有田园生活气息的一类花架，通常给人以一种自然清新的感觉。田园风格花架的四周一般通透开阔，只有作支撑的墙、柱，没有围墙门窗。花架的上下（铺地和檐口）两个平面，也并不一定要对称和相似。花架整体可以自由伸缩交错，使田园花架置身于园林之内，融汇于自然之中，不受阻隔。这种花架在搭配植物时，会根据植物的特点、环境来构思花架的形体；根据植物的生物学特性来设计花架的构造、材料等。

（2）现代简约风格花架

现代简约风格花架一般具有简约的外在形式。这种简约的形式可以体现在材料和工艺结构上。在材料上，现代简约风格的花架大都采用具有优质、环保、健康特性的材料；在工艺结构上，制作精良，整体工艺配色和结构设计等都需要细细打磨和构思，每一个细节都做到精雕细琢，简约而不简单。

（3）古典风格花架

古典风格花架通常而言，指的是古典中式风格的花架。这种风格的花架在取材上一般是以木材或者仿木材为主，充分发挥木材的物理性能，创造出独特的木结构或穿斗式结构，讲究构架制的原则，花架的整体构件规格化，重视横向布局，配合庭院组织空间，注重环境与建筑的协调，善于用环境创造气氛。此外，这种风格的花架在设计中会融入很多中式古典元素，如用一些诗文楹联、雕刻书法，甚至还有一些人文花鸟图案装饰等。

3.3.3 按结构形式划分

（1）廊式花架

廊式花架（图3-3-1）是最常见的花架形式，与园林中的廊的功能及作用相似。这种花架是先立柱，再沿柱子排列的方向布置梁，片板嵌于梁之上。廊式花架又可以分为阶梯式、悬臂式、拱门钢架式。

阶梯式花架是根据花架的上部结构受力形式进行划分的，本类型属于简支式，常用于曲折蜿蜒的地形之上。它可以利用高低起伏的地势搭建阶梯状的空中棚架。即使地势平坦，也可设计两三步台阶来实现错落感，实现增加景深的效果。阶梯式花架也可应用于片状角隅之地，通过自身的造型加以组景，延伸空间的层次感。

悬臂式花架根据两端向外挑出悬臂的方式不同，又可以分为单挑和双挑。单挑式花架的悬臂只向花架的一边挑出，多设置成圆环弧形状以环绕花坛、水池及湖面，形体轻盈活泼。

拱门钢架式花架（图3-3-2）在公共园林中应用较多，按应用位置分为以下几种。

① 常在花廊、通道的入口处采用半圆拱或门式钢架，不仅具有对路线的导视作用，而且也体现了现代花架设计朝气蓬勃的时代感。

② 在独立配置的主体花架周围配以整洁的草坪或时令花卉，形成组景，也可以

在主体花架上配置攀缘植物，如紫藤、葡萄或蔷薇等花木，加以点缀少量的景观配饰，另有一番风味。

③ 为了整体的构图效果，一些公共建筑的入口、门卫室和亭廊的结合处采用花架。将花架设计为过渡的形式，不过分占用亭廊等建筑的实体空间，将虚实对比协调处理。

④ 在园林的水池旁边也常设置此类型花架。花架的设计可与水纹的形状相结合，形成拱形或者波折式，与周围景色融为一体，不显突兀。

图 3-3-1　廊式花架

图 3-3-2　拱门钢架式花架

（2）亭式花架

亭式花架常用于住宅园林中，作为点景布置。其造型与园林中的亭子相似，只是把亭子的顶部结构改成花架的形式。其支撑依靠一根或一组柱（根据花架的大小或造型设计）。具有圆形、半圆形、正方形、伞形、扇形、放射形和蘑菇形等多种形式（图3-3-3）。

（3）独立式花架

独立式花架（图3-3-4）也是现代园林中常见的一种装饰性极强的花架形式。以各种材料做成墙垣（图3-3-5）、花瓶、伞亭等形状，用藤本植物缠绕成型。造型和功能都类似于亭，最适于作为独立景物设置。通常着重表现花架精

图 3-3-3　亭式花架

美的造型和材质，因此攀附植物不宜过多，作为装饰和陪衬即可。

图 3-3-4　独立式花架　　　　　　　图 3-3-5　花墙式花架

（4）组合式花架

花架可与亭、廊等有顶建筑组合，从而丰富造型，增强生态气息，为游人遮挡风雨，也可将廊式花架和独立式花架组合设计。

园路边的花架也可以与室外的座椅相结合（图 3-3-6），除了本身具有景观装饰作用之外，还可供人休息歇坐、欣赏周围的风景等。座椅也是环境设施之一，其尺度、颜色、材质、造型、位置、布置形式等都要与花架相协调，形成造型新颖、别具一格的设计。

图 3-3-6　组合式花架

（5）附建式花架

附建式花架依附于建筑之上，不仅可以装饰建筑的外立面，而且起到扩大建筑空间的效果。附建式花架一般与建筑的窗相结合，花架材质也要与窗框相协调。这样既能给室内起到遮阳、增加绿荫的效果，又能丰富建筑的外立面（图3-3-7）。

图 3-3-7　附建式花架

3.3.4　按使用的材料划分

（1）竹木花架

竹木材料在花架中的应用是非常广泛的，其材料朴实、自然、工程造价低、施工简便，但耐久性差。花架的设计可以采用单一的竹木材，也可以和其他材料综合运用。如砖木结构的混合应用也可以给人清新自然的感觉；花架柱采用砖块、石板、块石等砌成虚实对比或镂空成花型均可；花架纵横梁采用混凝土或条石制成。此种类型花架既能够设计得极为精巧，又能建成一种临时性的构筑物。

（2）金属花架

金属材料的花架质地较为坚硬，常被设计成欧式风格的铁艺花架。它轻巧易制，构件断面及自重小，需要长期的油漆护理保养，避免油漆脱落、生锈影响其美观。此外，还应注意其应用位置的准确选择，以免锋利的材料表面对人及植物枝叶产生不必要的损害。轻钢花架使用广泛，现浇装配均可。

（3）钢筋混凝土及石材花架

钢筋混凝土的花架承重能力强、坚固耐用，可以根据设计要求做成不同的形状，也可做成预制构件。花架设计时不仅要考虑其实用性，更要兼顾美观。如用双柱取代单柱形式，柱与柱之间采用混凝土花饰小块，加强花架整体视觉上的联系。石材的花架厚实耐用，相对于竹木材来说，石材更为坚固。其色彩也千变万化，有的颜色清新淡雅，有的颜色艳丽。但因价格昂贵以及运输不便，经常采用块料做花架柱。不同肌理的石材在触摸时具有不同的触感，有的石材触摸时给人感觉细腻光滑，有的石材则粗糙磨手。

3.4　花架的设计要点

花架在园林中的功能与廊、亭相似。它可以组织园林空间，以点状布置并形成组织环境景色的观赏点，也可以划分园林空间，并增加园林风景的深度。不同之处在于花架的形式立意创新，相比之下其空间更为通透，而亭、廊则一定程度上受传统园林建筑小品的结构限制。花架的格调清新，既可采用传统的屋架形式，与园林植物相配，又可以采用个性独特、结构造型丰富的形式来充分体现时代感。所以在设计花架时，应当注重以下几个方面。

3.4.1　要注意花架的尺度大小

花架作为园林中的构筑物，它的尺寸与廊有相似之处。一般来讲，花架的尺寸如下：高度为 2500～3000mm；开间为 3000～4000mm，进深为 2000～3500mm。但根据放置的场合不同、设计理念不同，其尺寸也有一定的变化。花架以独立的形式作为主景时，一种是采用较大的体量，如高约 3000mm，开间约 4000mm，进深控制在 3500mm 以下。体量太大会给人设计粗糙的感觉，使花架整体显得笨拙。花架与攀缘植物的结合，并不意味着花架顶部的设计细节可以忽视。其自身也应是完美的设计，比如对于花架的柱子、花架附加的装饰物以及花架梁板的连接构件等都是值得设计者仔细斟酌的。另一种是体量设计得较为精巧，与人体工程学相结合，花架的高度控制在 2000～3000mm，一般采用 2300mm、2500mm、2700mm 等高度，开间也控制在 4000mm 以下。这种体量的花架给人强烈的亲切感，加上花架上攀缘植物垂坠的枝干，能为游人提供更加舒适的休憩环境。但是也要注意花架的高度与植物垂坠枝条的长度，这就要求在给花架进行植物配置时要预测植物的生长范围，避免枝条过长影响下面的游人行走。

3.4.2　要与植物合理搭配

花架是与植物结合最紧密的园林建筑类型，设计时必须充分考虑与植物的搭配。

首先，除少数纯粹展示建筑本身的雕塑型花架外，必须考虑种植池的设计。可放在花架内，也可放在花架外；可与地面相平，也可适当抬高，要为植物生长创造良好的条件，通过植物的搭配软化花架材质的硬性线条。在实际中，很多花架只见架子不见花，这都是不符合花架设计要求的，也不能为人们提供一个理想的休憩环境。当然，后期也要加强养护，不能让植物影响人们的正常活动。花架不仅要在绿荫的掩映下好看且好用，在落叶之后也要如此。图 3-4-1 中的植物与花架融为一体，植物的生长得到了合适的环境和基础，花架的景观也增添了均衡、稳定的厚重感。

图 3-4-1　与植物相搭配的花架

其次，要注意选择适宜的植物种类，根据植株的体量、生长习性、观赏特征等设计花架整体的造型、色彩、材质及格栅的宽窄粗细等。还需定期进行植物修剪，因此对花架种植池的大小、种植间距都需要考虑。其中喜阳植物有凌霄、木香等，耐阴冷的植物有常春藤和络石等，配置时要结合花架的地理位置、气候条件，以保证植物的健康成长。紫藤对二氧化硫、氯气、氟化氢等有较强的抗性，是一种优良的环保植物，且观赏性较强。在花架上也可以将不同种类的植物进行搭配使用，使花架在一年四季均呈现良好的景观效果（图 3-4-2）。

图 3-4-2　与攀缘植物相搭配的花架

3.4.3　要注意空间的尺度形式

花架属于装饰性的景观小品，提供一种半封闭的空间，形式既通透又美观。采用各式各样的方法去布置空间、划分空间、创造空间，考虑花架的空间影响力。也就是不同的空间设计组合，能够给人千变万化的内心感受。正确把握设计定位（供人安静地思考还是让人以愉悦的心情在最佳角度观赏周围的景观），并充分考虑其空间的功能特性，不仅有利于花架空间的设计以及人与外界环境空间的和谐发展，也有利于建造人性化的活动空间。

在现代庭院中可以采用附建式花架，也可以采用独立式花架，要考虑花架的空间形式。附建式花架可以看作是建筑空间的延续（图 3-4-3），并且属于建筑的一部分。它的空间比例尺度应该与建筑相协调，功能上与放置在公共区域的花架相比，更注重其对建筑或者庭院景观的装饰作用。独立式花架的布局应在庭院总体设计中确定，既可以在花丛中，也可以在草坪边。可以设计 2 ～ 3 步台阶来实现错落感，使庭院空间有起有伏，增加平坦空间的层次。花架如同廊道，也可以起到组织游览路线和组织观赏点的作用。根据活动人群、放置场所以及活动范围等因素创造环境空间，考虑空间的容纳性和娱乐性。老年人喜爱半围合空间中让人感觉安逸的花架，因为不受外界行人穿梭干扰，具有安全感，在座椅上不仅可以休息而且方便与旁人交流，能够与周围环境保持一定联系（图 3-4-4）。

图 3-4-3　建筑顶部的附建式休憩花架

图 3-4-4　半封闭空间的花架

3.4.4　要具有形式美

花架的形式美是指采用天然的物质材料，有规律地组合成具有艺术美形态的花架。比如运用不同的材质、色彩、线条、质感等设计形式相关的要素与花架的造型、空间等形体要素相结合，运用花架的设计手法创造其形式美感。比如供人休憩，供人以最佳角度观赏周围的景物，或者花架以本身优美的姿态形成景观艺术观赏点（图 3-4-5）。花架的设计是实用与形式美相结合的综合性艺术。

图 **3-4-5**　实用与形式美结合的花架

3.4.5　要具有艺术和文化体现

　　花架是人工建造的景观构筑物。从艺术层面来看，花架属于构造小品，能够根据周围环境突出自身的特点，实现其艺术价值。即花架不仅在功能上满足了人们休息和观赏周围景物的需求，也保证了花架所在环境的装饰功能，对增加绿量、美化环境也起到了很大的作用。花架虽然结构简单、体量小，但是能够提升所在区域的环境质量和品位。正是因为如此，更要从公共艺术的角度设计花架，它不仅仅是根据传统设计理念进行其功能的设计，更应该以艺术美学价值为出发点进行设计。花架在给人提供舒适方便的同时，也能从美学上影响人们生活的质量和审美的提高。

　　此外，花架的艺术和文化审美价值还要反映出公共艺术的特性。以竹木材、钢筋混凝土、金属、石材等制成的花架以及与其配置的攀缘植物，是硬质景观与软质景观的艺术结合，并与视觉审美、周围环境有着紧密的联系。它们不仅具有功能特性，而且也是景观中的艺术构筑物。与花架设计形成的要素相同，公共艺术也是通过色彩、造型、质感等方面表达其设计理念。公共艺术与花架景观的配合（图 3-4-6），使得花架设计不仅扩大了其环境空间范围，而且更加深刻营造了花架景观给人带来的心理感受，充分体现花架的艺术审美价值。

3.4.6　风格要与周围环境相结合

　　花架是构成园林景观的重要元素之一，它存在于各种各样的自然或者人工环境之中。环境是园林设计中必须优先考虑的因素，它为人所设计、营造和使用。所以，花架的设计风格要与周围环境及其建筑特征相结合。

图 3-4-6　结合公共艺术与文化的花架

　　自古以来，中国传统园林建筑的重要特征之一就是与自然和谐相处，即《管子·五行》所描述的"人与天调，然后天地之美生"的思想，其中就蕴含着尊重环境，环境优先的原则。花架的设计可以在材质、形式方面体现尊重环境的可持续发展思想，如使用环保或可回收材质，而且还可以与地方特色文化相结合，起到传承文脉的作用（图 3-4-7）。

图 3-4-7　具有古典园林特色的花架

3.5　花架施工图绘制与实例

　　花架施工图是将花架设计方案建成落地的重要指导性和实施性文件，应详尽、可靠。

3.5.1 施工图绘制要点

花架的施工图一般包括：基础平面图、顶平面图、立面图、剖（断）面图、大样图和配筋图等。基础平面图应详细标注花架基础部分的平面形状及尺寸等；顶平面图是花架沿铅垂线方向投影到地平面上的图形，应重点表现花架的平面布置、平面形状和尺寸，以及平面可视的装饰材料；立面图应详细绘制花架各主要立面的造型，并标注其立面尺寸、标高及可视的立面装饰材料；剖（断）面图应详细展现花架的基础及柱体内部结构形式、断面形状、尺寸、标高、材料组成、做法及施工要求等；大样图是对花架个别细部的放大，以便详尽展现该部位的形状、材料组成、做法及工艺要求等。配筋图展示的是花架基础、梁、柱等承载力结构处配置钢筋的方式、规格类型、数量、大小等内容。

3.5.2 施工图绘制步骤

以廊式花架（图 3-5-1）案例为例，将整个花架施工图绘制进行分步介绍。（注：花架植物在绿化图纸中体现）

图 3-5-1 廊式花架效果图

（1）基础平面图、底平面图

以地平面为剖切面，按比例绘制出位于剖切面下方的花架基础的平面形状、结构形式等，然后标注其平面尺寸、材料等内容。底平面图上要标明其铺装的材料和尺寸，如图 3-5-2 和图 3-5-3 所示。

（2）顶平面图

以地平面为基准面，将花架地上部分沿铅垂线方向投影到地平面上，再按比例绘制构成的图形。最后标注其平面尺寸、顶视材料等。顶平面图如图 3-5-4 所示。

（3）立面图

先选定所要表现的立面，再以地平线为基准线，按标高和尺寸，在基准线以上将花架立面的造型按比例完整绘制出来，最后标注其立面尺寸、标高及可视的立面装饰材料等，如图 3-5-5、图 3-5-6 所示。

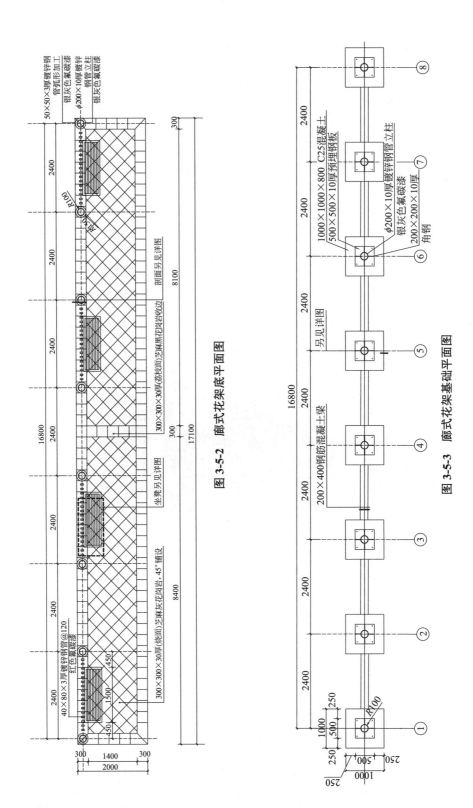

图 3-5-2 廊式花架底平面图

图 3-5-3 廊式花架基础平面图

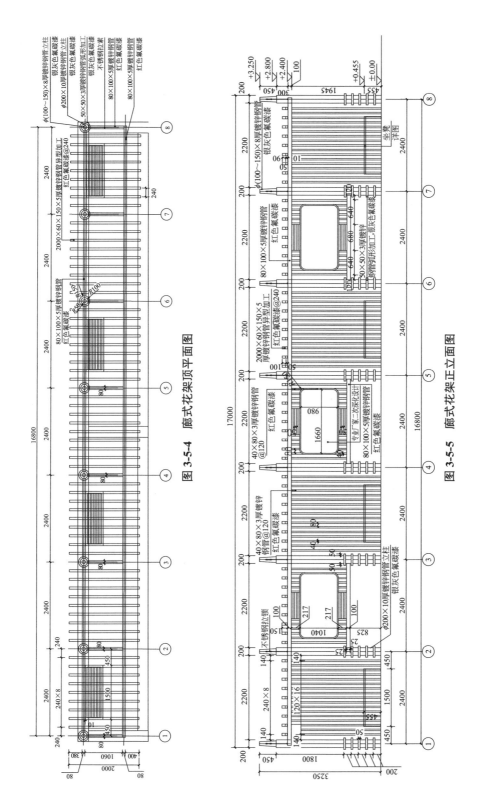

图 3-5-4　廊式花架顶平面图

图 3-5-5　廊式花架正立面图

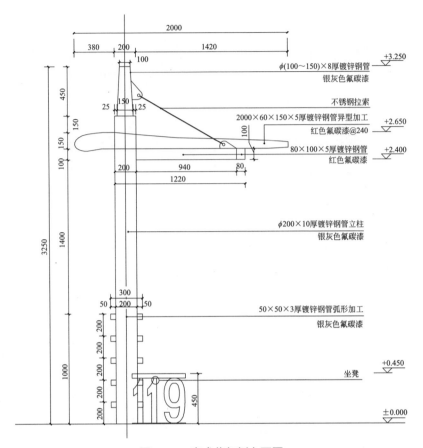

图 3-5-6 廊式花架侧立面图

（4）剖（断）面图

先确定剖切方向，再以地平线为基准线，按标高和尺寸，在基准线以上将花架内部结构形式、断面形状等按比例完整绘制出来，在基准线以下将花架基础内部的结构形式、断面形状等按比例完整绘制出来，然后绘制出未剖切到的部位，最后详细标注其尺寸、标高、材料组成、做法及工艺要求等。剖（断）面图如图 3-5-7 所示。

（5）大样图和配筋图

对上述图纸中不能或不便详细表现的部位，应绘制大样图和配筋图。先确定需绘制大样图的部位，并做好索引标注，再按比例将该部位单独放大，详细绘制出其结构形式、花纹图案等，最后详细标注其尺寸、标高、材料组成、做法及工艺要求等。再结合花架承载力大小及相关规范要求绘制花架基础、梁、柱等的配筋图。大样图和配筋图如图 3-5-8 ～图 3-5-10 所示。

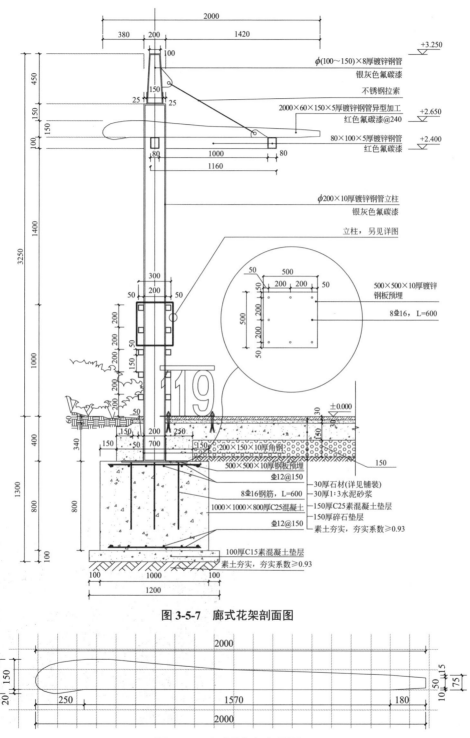

图 3-5-7　廊式花架剖面图

图 3-5-8　廊式花架架条详图

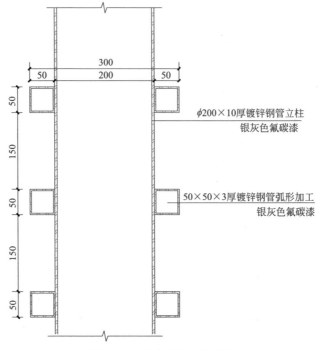

300
50 200 50

50

150

50

150

50

ϕ200×10厚镀锌钢管立柱
银灰色氟碳漆

50×50×3厚镀锌钢管弧形加工
银灰色氟碳漆

图 3-5-9 廊式花架立柱详图

3.5.3 部分施工图实例

（1）实例一：蔷薇花架

本实例为某蔷薇花架，其实景照片如图 3-5-11 所示，全套施工图如图 3-5-12 所示。

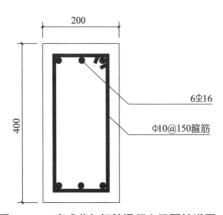

200

400

6Φ16

Φ10@150箍筋

图 3-5-10 廊式花架钢筋混凝土梁配筋详图

图 3-5-11 蔷薇花架实景照片

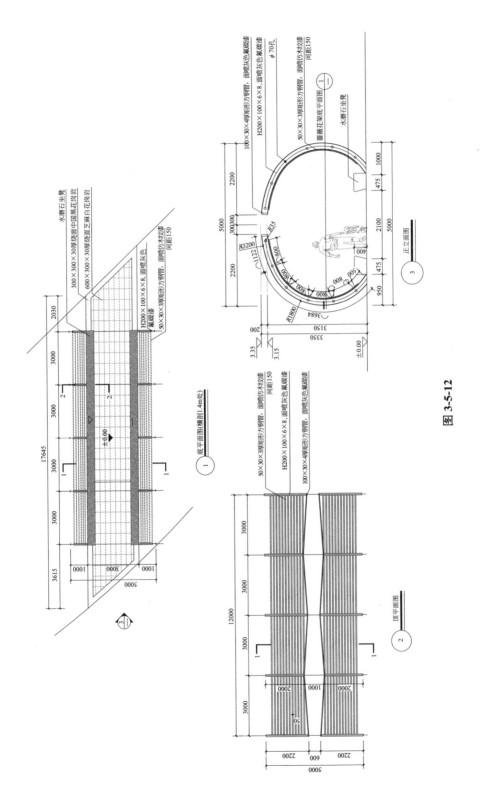

图 3-5-12

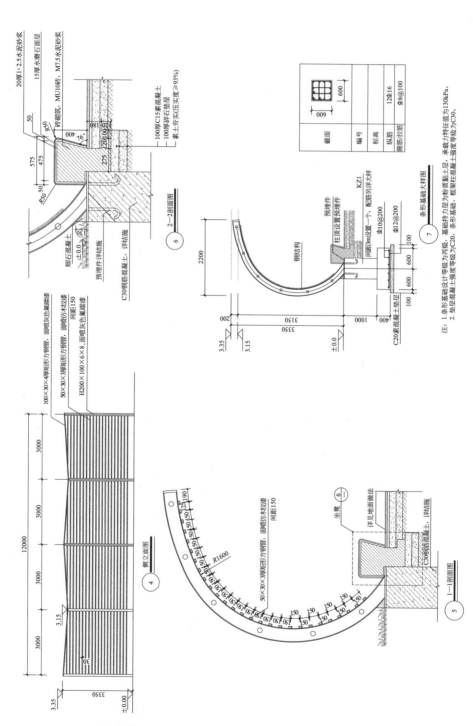

图 3-5-12 蔷薇花架全套施工图

（2）实例二：护坡花架

本实例为某护坡花架，其效果图如图 3-5-13 所示，全套施工图如图 3-5-14 所示。

图 3-5-13　护坡花架效果图

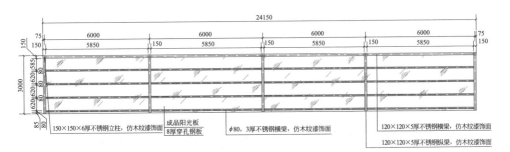

护坡花架平面图

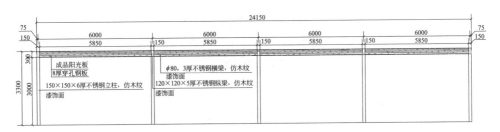

护坡花架正立面图

图 3-5-14

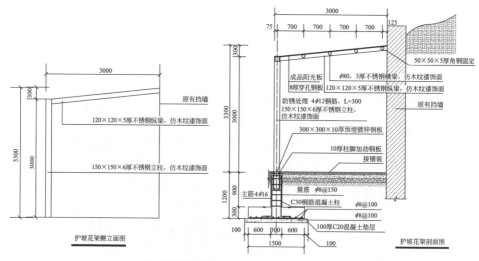

护坡花架侧立面图

护坡花架剖面图

图中标注（侧立面图）：
3000
300
3300
3000
300
原有挡墙
120×120×5厚不锈钢纵架，仿木纹漆饰面
150×150×6厚不锈钢立柱，仿木纹漆饰面

图中标注（剖面图）：
3000
75 700 700 700 700 125
300
3300
3000
1200
900
300
50×50×5厚角钢固定
成品阳光板
8厚穿孔钢板
φ80，3厚不锈钢横梁，仿木纹漆饰面
120×120×5厚不锈钢纵梁，仿木纹漆饰面
防锈处理 4φ12钢筋，L=300
150×150×6厚不锈钢立柱，仿木纹漆饰面
300×300×10厚预埋镀锌钢板
10厚柱脚加劲钢板
接铺装
原有挡墙
箍筋 φ8@150
C30钢筋混凝土柱
φ8@100
φ8@100
100厚C20混凝土垫层
主筋4φ16
100 600 300 600 100
1500

注：基底需挖到基础持力层；地基承载力特征值为110kPa，未到达持力层时，采用置土换填的地基处理方式，换填深度为基础垫层下800mm。采用砂夹石或者碎石等硬质材料分层振动、碾压换填处理，压实系数不小于0.94，分层厚度不得大于300mm，同时应满足地基承载力设计值f_{ak}=110kPa；钢结构由厂家二次深化设计后方可施工，所有钢材均做防锈处理，外露钢材喷仿木纹漆；所有钢材焊接满焊处理。

图 3-5-14　护坡花架全套施工图

3.6　钢筋混凝土花架施工

　　某休闲农业观光园为了满足游客观赏需要，拟建造一处钢筋混凝土花架（图 3-6-1）。根据花架结构设计与要求，正确进行钢筋混凝土花架施工。

图 3-6-1　花架实景图

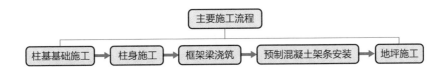

3.6.1 柱基基础施工

（1）定点放线

根据图纸（图3-6-2）设计要求和地面坐标系统的对应关系，用全站仪把花架的轴线交点坐标测放在施工场地上，打木桩标记坐标点。然后用白灰连接坐标点形成花架的轴线，在轴线外根据基础承台、地梁的尺寸测放出其外边轮廓线，同样使用白灰标记。

（2）基础开挖

本案基础采用机械结合人工进行开挖。开挖时注意每边要留出200～300mm的作业面，机械开挖预留100～200mm的余土使用人工挖掘。注意实时测量坑底标高，严禁超挖。

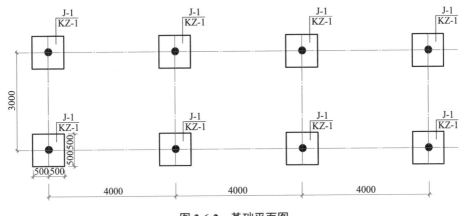

图3-6-2 基础平面图

（3）基础处理

挖好槽之后，进行素土夯实。有松软处要进行加固，不得留下不均匀沉降的隐患。

（4）承台、地梁钢筋绑扎

基础处理完成后，回填150mm厚3：7灰土，摊平、碾压密实，然后在灰土层上浇筑C15素混凝土垫层。垫层混凝土达到一定强度后，在其上使用全站仪等工具进行二次放线，确定基础承台中心坐标，并用墨斗弹线确定柱基础轴线的位置，然后根据轴线及平面尺寸弹射出基础承台、立柱、地梁的外边线。

接着进行基础承台、地梁及立柱钢筋绑扎。按照钢筋分布图，先进行承台钢筋的排布和绑扎，然后再进行地梁钢筋的绑扎。绑扎地梁钢筋时，先将主筋按照结构图排布好，然后将箍筋套在主筋外。排布时注意箍筋叠合处要错开布置，绑扎时应绑扎牢固、不得出现松动（图3-6-3）。

图 3-6-3　柱基础、地梁钢筋绑扎

完成承台、地梁钢筋的绑扎后，再进行立柱钢筋绑扎。绑扎时先将立柱主筋根据立柱的位置摆放好，并与承台钢筋绑扎在一起，然后再进行立柱箍筋的绑扎。箍筋的排布、绑扎与地梁钢筋施工类似。立柱钢筋绑扎后还需使用木枋或钢筋等将立柱钢筋做临时支撑，防止钢筋出现歪斜。绑好钢筋后，在承台、地梁钢筋下垫保护层垫块，保证保护层厚度。

（5）承台、地梁模板安装

基本施工流程为：复核轴线底标高及轴线位置→支承台、地梁侧模→复核承台、地梁模尺寸及位置→与相邻承台、地梁连接固定→加固模板上口→预检。

承台、地梁模板采用12mm模板，用40mm×70mm的木枋作背楞，将不符合模板模数的缝隙留在跨中，并用小板拼合。所有的模板接缝处须贴密封条和塑料胶带，保证接茬质量。

支设模板前，应将模板按照地梁、承台的平面尺寸加工好，将加工好的模板两侧清理干净，以便安装模板时整齐一致，减少修补的工作量。在基础承台和地梁的墨线内边，按照间距600mm、深度80～100mm进行钻孔。

安装时，先将模板按照墨线位置进行排布，模板内侧在钻孔位置植入10mm钢筋作为侧模底部固定。外部采用裁切好的模板条贴紧模板底部钉在混凝土垫层上做压脚处理。

合模前检查钢筋、柱插筋是否遗漏，位置是否准确，安装是否牢固。两侧模板安装完毕后，检查角模与侧模。模板间隙必须严密，防止有漏浆、错台现象。检查每道梁上口是否平直，用扣件卡具或螺栓将两块模板上口拉结固定（图3-6-4）。

图3-6-4　基础承台、地梁模板安装

地梁与承台基础模板采用对拉螺栓进行加固。地梁梁中加设对拉螺栓，梁侧模板使用架管加固，竖楞间距450mm，用对拉螺栓锁紧。承台基础在基础中间距600mm加对拉螺栓，梁侧模板用架管加3型扣件，用对拉螺栓锁紧。

地梁与独立基础模板加固完毕后，模板安装斜撑，斜撑利用地锚进行侧向加固。基础、地梁侧模板采用钢管及木枋固定，严禁用铁锤砸钢管做立杆。

安装后校正基础、地梁中线、标高、断面尺寸，将模板内的杂物清理干净，检查合格后办预检。办完模板工程预检验收后，方可浇筑混凝土。

（6）基础、梁浇筑混凝土

模板支搭完毕后，要进行预检，经技术、质量、工长和监理签认合格后方可进行下道工序。浇筑混凝土时必须有木工专门负责看管模板。

混凝土浇筑、振捣的要点如下。混凝土浇筑应分层连续进行，间歇时间不得超过混凝土初凝时间，一般不超过2h。为保证钢筋位置正确，先浇一层5～10cm厚混凝土固定钢筋。分层下料，每层厚度为振动棒的有效振动长度。防止由于下料过厚、振捣不实或漏振等原因造成蜂窝、麻面或孔洞。浇注混凝土时，经常观察模板、支架、钢筋、螺栓有无走动情况。一经发现变形、走位或位移，应立即停止浇筑，并及时修整和加固模板，然后再继续浇筑。

3.6.2　柱身施工

本工程中的廊柱为直径240mm的圆柱，柱高3m。施工方法同钢筋混凝土廊。

3.6.3　框架梁浇筑

施工流程为：安装梁底面模板→绑扎钢筋→安装侧面模板→浇筑混凝土。

（1）安装梁底面模板

梁底面模板安装前，先按照柱间的梁长度加工模板，并根据梁底距现场地面的间距确定底模支撑的高度。本案中梁底采用圆杉木作为支撑，施工时需在杉木杆端口位置订制一个三角形支撑（图3-6-5），保证后期支撑底模时有足够的稳定性。

图 3-6-5　三角形支撑

（2）绑扎钢筋

底模安装好后，将加工好的钢筋摆放在底模上，排布与绑扎施工同地梁钢筋施工。

（3）安装侧面模板

安装时，侧模与侧模、侧模与底模之间使用铁钉连接形成整体。梁体模板上部直线位置间距 600 ～ 1000mm，用木枋及卡具进行加固处理（图3-6-6）。转角位置用木枋做斜拉连接进行加固，防止浇筑混凝土时发生爆模的情况。

（4）浇筑混凝土

模板安装验收合格后，进行混凝土浇筑施工。混凝土卸料时注意不要直接冲撞模板、钢筋，防止钢筋跑位和模板爆模。

3.6.4　预制混凝土架条安装

混凝土架条按图纸要求找厂家提前预制（图3-6-7），待框架梁拆模后安装架条。安装前，根据图纸中架条的排布，使用墨斗将架条排布位置中线弹出墨线，以便后期安装。安装时，取中在墨线位置钻孔，然后使用结构胶植入钢筋，同样在架条预留孔内注入结构胶，然后对准钢筋进行安装固定。

注意事项：弹设墨线时，需根据架条预留孔位置确定架条钻孔位置。

图 3-6-6　框架梁绑扎钢筋、支模

图 3-6-7　混凝土架条

3.6.5　地坪施工

地坪施工流程同钢筋混凝土廊施工。

3.7　钢木花架施工

某乡镇为满足村民休憩与观赏需要，在村里建造一处钢木花架（图 3-7-1）。根据花架的构造设计要求，正确进行花架施工安装。

图 3-7-1　钢木花架实景图

```
                              施工流程
   ┌──────┬──────┬──────┬──────┬──────┬──────┐
 基础施工 → 钢柱连接 → 钢梁焊接 → 地坪施工 → 木结构安装 → 油漆施工
```

3.7.1 基础施工

施工流程为：定点放线→基槽开挖→槽底素土夯实→20cm灰土回填→C15素混凝土垫层→垫层上放线确定钢筋网位置→钢筋绑扎→支模板→混凝土浇筑→混凝土振捣→混凝土找平→预埋件定位→混凝土养护→模板拆除→基础回填土方。

整体施工流程基本与钢筋混凝土廊基础施工一致，这里简要叙述一下过程。

根据放线位置整体开挖（图3-7-2），然后根据测放的立柱位置将立柱基础垫层浇筑出来（图3-7-3）。浇筑后混凝土垫层覆膜洒水养护，防止混凝土开裂。

根据图纸中基础柱在基础垫层上的位置弹设墨线，然后绑基础、立柱钢筋，支设模板。支设模板时，使用模板卡具在模板上下口位置将模板加固稳定（图3-7-4）。

图 3-7-2 基槽开挖

图 3-7-3 基础垫层

模板验收合格后再进行混凝土浇筑（图3-7-5）。混凝土浇筑振捣密实后将加工好的200mm×200mm钢板预埋件（图3-7-6）使用铁锤打入混凝土中，并测设预埋件顶面的标高和水平度，以便后期安装施工。

混凝土凝结硬化后，拆模养护（图3-7-7），并将基础土方进行回填。

图 3-7-4　模板安装

图 3-7-5　混凝土浇筑

图 3-7-6　预埋件

图 3-7-7　拆模

3.7.2　钢柱连接

根据图纸（图 3-7-8）得知，花架立柱为 D120mm×5mm 的圆形钢管柱，所以钢柱与基础连接采用焊接的方式，即钢管柱底部与基础预埋件钢板直接焊接在一起（图 3-7-9）。焊接前应在基础柱上将立柱的中心坐标测设出来并用墨斗弹设墨线。安装时立柱根据弹设的墨线进行定位，同时使用全站仪复核坐标及标高，确保立柱安装位置准确。

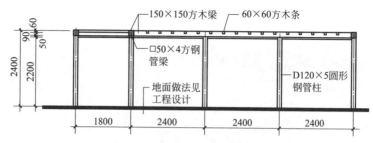

图 3-7-8　钢木花架剖面图

3.7.3　钢梁焊接

图 3-7-9　钢柱连接

钢梁采用 50mm×50mm×4mm 厚的方钢管，先将钢梁架设在立柱上，再通过焊接与柱固定（图 3-7-10）。焊接时，先将两端钢管进行临时焊接，然后用白色尼龙线将钢管两端拉直，中间的钢管则沿线设置，布置好后将方钢管先进行临时焊接固定，最后再将方钢管满焊在立柱上。

3.7.4　地坪施工

具体流程为：素土夯实→ 100mm 厚碎石回填→ 100mm 厚 C15 素混凝土垫层→地面铺装。

地坪施工时，先根据图纸中地面的结构进行场地平整，然后沿着钢梁布置方向砌筑砖胎膜，把地面基础外围砌筑起来。接下来再根据地面结构进行碎石垫层、混凝土垫层的施工，并覆膜洒水养护不少于 7 天（图 3-7-11）。

图 3-7-10　钢梁焊接

图 3-7-11　地坪基层养护

地面铺装施工上部木构件安装完成后，具体施工可参照前面廊的地面铺贴施工。

3.7.5 木结构安装

（1）木梁安装

本案中的木梁采用 150mm×150mm 的方木，用螺栓与方钢管固定（图 3-7-12）。安装前，将转角位置的方木按照图纸中的要求进行裁切加工，在方钢管上按照图纸中要求的间距 500mm 钻孔，然后将方木放置在方管钢梁上，调平后用螺钉打入方木中进行固定。转角位置搭接好后钻孔，然后再用 M18 螺栓固定好。

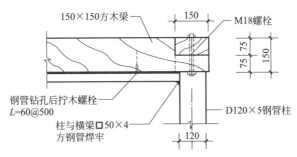

图 3-7-12 节点大样图

（2）木条安装

花架顶部木条固定在方木梁上（图 3-7-13）。顶部木条与方木梁采用 L 型角码螺栓连接。安装时确定好木条的位置，然后角码靠着木条放置，一端通过螺栓固定在方木梁上，另一端则通过螺栓固定在方木条上。

图 3-7-13 安装木条

3.7.6　油漆施工

（1）钢管柱油漆施工

将钢管柱焊接处、熔合区和热影响区打磨干净，去除焊渣和原有的油漆，再根据环境温度、湿度等腐蚀能力选择合适的防锈漆进行涂刷。在焊接处周边涂刷两道防锈漆、两道乳白色氟碳漆、两道面漆（图3-7-14）。

注意事项：油漆涂刷应在上一道油漆完全干燥后再进行下一道油漆施工。

图3-7-14　涂刷防锈漆

（2）木材油漆施工

木材油漆施工的步骤为：清理防腐木表面→磨砂纸打光→上立德粉→打磨砂纸→满刮第一遍腻子，砂纸磨光→满刮第二遍腻子，细砂纸磨光→涂刷油色→刷第一遍清漆→刷第二遍清漆→刷第三遍清漆。

木材刷漆操作流程与防腐木廊施工类似，具体流程参考防腐木廊油漆施工（图3-7-15）。

图3-7-15　木材刷漆

3.8 砖砌花架施工

某乡镇为满足村民休憩与观赏需要，在村里建造一处砖砌花架。为体现乡村特色及环保理念，设计师利用村里拆除废弃房屋的旧砖，设计成砖砌花架立柱及围墙等（图3-8-1）。根据花架的构造设计要求，正确进行花架施工安装。

图 3-8-1　砖砌花架实景图

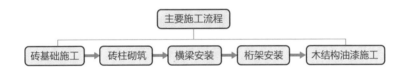

3.8.1　砖基础施工

主要施工流程为：定点放线→基槽开挖→素土夯实→铺筑灰土垫层→砖砌大放脚基础。

（1）定点放线

根据图纸要求及花架与周边建筑的尺寸关系，将花架的基础平面测放在施工场地上，撒白灰标示出来。

（2）基槽开挖

设置好龙门桩及龙门板，标明基础、轴线的位置。开挖时每边要留出300mm的作业面，注意槽底标高，严禁超挖。

（3）素土夯实

当挖土接近设计标高后，用打夯机进行素土夯实，达到设计要求的密实度。素土夯实后，土面标高应符合设计标高。

（4）铺筑灰土垫层

在铺筑灰土垫层前，应将周边的浮土、杂物全部清除，并洒水湿润。然后根据设计要求铺设相应厚度（本案采用200mm厚3∶7灰土）的灰土垫层，并碾压密实。灰土垫层施工完成后，在其上浇筑100mm厚C15素混凝土垫层，并使用平板振动器振捣密实混凝土。

（5）砖砌大放脚基础

在垫层上弹线，弹出基础立柱的轴线和边线。拉通线沿着线排砖，测量垫层面标高，铺垫水泥砂浆利用第一皮砖进行找平，然后开始盘角。盘角时每次不得超过六皮砖高，并按"三皮一吊，五皮一靠"的原则随时检查，最大限度降低砌筑误差。

3.8.2 砖柱砌筑

独立柱是单独承力的柱，它同任何墙体没有连接。砖柱的断面主要有方形、矩形，也有多角形和圆形的。砖柱的砌筑要求上下皮砖的竖缝错开1/2或1/4砖长，柱心无通心缝。独立砖柱一般截面小，高度大，容易出现垂直偏差大、开裂、突出，甚至倒塌等现象，所以对操作要求较高。

（1）检查砖柱中心及标高

砌筑前要先检查砖柱中心线和标高。当多根柱子在相同轴线上时，要拉通线检查纵横柱子中心线，确认无误后再开始进行墙体砌筑。

（2）找平

当基础面高低不平时，要进行找平。小于30mm的要用1∶3水泥砂浆找平，大于30mm的要用细石混凝土找平，使各柱第一皮砖的标高一致。

（3）砌筑

砌筑时要求砂浆饱满、灰缝密实。认真执行"三皮一吊、五皮一靠"的规定，确保柱的垂直度和四角方正。平整度要求2m范围内清水柱不大于5mm；垂直度要求每层不大于5mm；全高10m以内不大于10mm。

每砌完三皮砖后应灌浆一次，方法是用水将砂浆调稀，用大铲拨动砂浆灌入缝中，然后进行勾缝处理。

每天的砌筑高度不得超过1.8m，否则砌体砂浆压缩变形，极易造成柱子偏斜。对称的清水柱在组砌时，要注意两边对称，防止砌成阴阳柱。

在砌筑的过程中，要经常检查砌角的平整、方正与垂直，一般用线坠和托线板检查。独立柱不许留脚手眼，脚手架不得靠在柱子上。为了使混凝土与砖柱牢固地粘 接在一起，其砌筑步骤一般是先绑钢筋，再砌砖，最后浇筑混凝土。浇筑时，为防止柱面变形，可采取逐段浇筑的方法。逐段浇筑时，要注意砌筑的砂浆和碎砖不得掉入组合柱中，以免影响质量。

柱顶位置浇筑混凝土时需将钢板预埋件预埋进去，以便后续施工。

3.8.3 横梁安装

横梁安装前，先在柱顶预埋钢板预埋件，用 4 根 100mm×100mm 的方木通过 L 型角钢焊接固定在钢板上，方木之间则通过螺栓连接成一体。将加工好的横梁铆接在立柱上，并用螺钉固定。

3.8.4 桁架安装

桁架安装前，在横梁上按图纸间距分割出桁架的安装位置并用记号笔标记，将桁架放置在横梁上通过已钻孔的 L 型角钢，一端使用拉螺栓连接固定，一端通过螺栓固定在横梁上。依次完成所有桁架的安装。

3.8.5 木结构油漆施工

木结构油漆施工同防腐木油漆施工，具体操作参考钢木花架防腐木油漆施工。

复习思考题

① 花架的功能有哪些?

② 在花架的设计中应注意哪些设计要点?

③ 花架有哪些分类方法?

④ 花架施工图一般包括哪些图纸的绘制?

⑤ 简述花架基础、地梁混凝土浇筑时的注意事项。

⑥ 简述砖柱砌筑注意事项。

⑦ 简述花架木条安装方法。

第4章

桥的设计与施工

4.1 桥的含义及功能

4.1.1 桥的含义

桥是指架在水面上或空中以便行人、车辆等通行的建筑物。《说文解字》对"桥"的注释为："梁之字用木跨水，则今之桥也。"是指架木于水面上的通道。建桥最主要的目的就是为了解决跨水或者越谷的交通，以便于运输工具或行人在桥上通行无阻。我国山川众多、江河纵横，从古至今，无论是建桥技术，还是桥梁数量都处于世界领先地位。千百年来，桥梁早已成为人们社会生活中不可缺少的组成部分。

"园桥"，是桥梁中的一个特殊种类，顾名思义就是一种园林中的桥，它是园林景观的重要组成部分。中国大百科全书是这样给园桥定义的：园林中的桥，可以联系风景点的水陆交通，组织游览线路，变换观赏视线，点缀水景，增加水面层次，兼有交通和艺术欣赏的双重作用。

4.1.2 桥的功能

(1) 组织交通

园林中的桥可以联系园林水体两岸的道路，起到串联风景点的水陆交通作用，可使园路不至于被水体阻断。由于它直接伸入水面，能够集中视线并自然地成为某些局部环境的标识点，因此园桥能够组织游览线路，并且可以提供观赏视线点。

(2) 过渡空间

低而平的长桥、栈桥还可以作为水面的过道和水面游览路线，把游人引到水面上，拉近游人与水体的距离。园林中常采用园桥与水中堤、岛一起将水面空间进行分隔，以增加水景的层次，增强水面形状的变化和对比，从而使水景效果更加丰富多彩。园桥对水面的分隔有它自己的独特之处，即：隔而不断，断中有连，又隔又连，虚实结合。这种分隔有利于使隔开的水面在空间上相互交融和渗透，增加景观的内涵和深度，营造迷人的园林意境。

（3）观赏功能

在园林水景的组成中，园桥可以作为一种重要景物，与水面、桥头植物一起构成完整的水景形象。园桥本身也有很多种艺术造型，具有很强的观赏性，可以作为园林水景中的重要景点。

随着建筑技术的发展运用，园桥的形式、结构、风格等方面都在不断进步和改变，同时它又与市政桥梁有着区别和融合。现如今，许多桥样式在园林中均有体现和运用，其色彩自然，造型别致优雅，材质古朴精细，富有园林建筑特色，体现了"虽由人做，宛自天开"的艺术境界，具有很高的观赏价值。

 ## 4.2　桥的特点

（1）景观性

桥与水中倒影形成虚实相间的生动画面。桥的存在丰富了水面的倒影，水中的倒影将桥反衬，产生"珠联璧合"的空间景象。这是园林艺术中利用虚空间造景的一个重要手段。多座桥的排列可形成重叠的形象，充满韵律与节奏感，丰富水面空间，扩大视野深度，增加景观层次，是园林中利用桥进行造景的常用手法。不同的造型、不同的材质、不同的色彩、不同的组合，丰富了园林环境，营造园林氛围，增加景观层次，使人感到自然、亲切、优美、雅致。

（2）艺术性

桥作为三维空间中存在的具有体积、平面、线条、色彩、材料等要素的立体作品，它的艺术美具有丰富的内容和内在规律。从协调与和谐方面来说，桥身、桥墩、桥台、桥上和桥头的建筑等各部分造型都遵循统一的基调和风格，艺术造型符合基本使用功能，具有形式和功能高度统一的艺术特点；从韵律变化方面来说，桥常用的韵律手法有连续韵律和渐变韵律，如多孔及空腹式园桥，使每孔上的小腹拱或桥墩，反复出现于各跨孔，以产生连续的韵律美感；从桥身造型线条来说，有刚劲、坚实之直线美，也有优雅、柔和、轻盈而富于变化的曲线美，还具有很强的线条明快的动感美。

（3）文化性

人类漫长的历史进程留下无数的文学与绘画作品和其他各种艺术形式。桥延续着历史，塑造着景观，完善着生活，使环境既有地方文化特色，又充分展现时代文化的融合，充满艺术氛围和文化韵味。唐代诗人罗邺的《洛水》中的"桥畔月来清见底，柳边风紧绿生波"描写的正是明月夜的园桥景致。唐代诗人张继在《枫桥夜泊》中写到："月落乌啼霜满天，江枫渔火对愁眠。姑苏城外寒山寺，夜半钟声到客船。"整首诗虽未提一个"桥"字，但透过诗词，人们可以看到诗人夜泊枫桥边，愁思不断的画面。"断桥残雪"是西湖十景之一，断桥是西湖观赏雪景的最佳地点。站在桥上，只见远山银装素裹，近树灿若梨花，湖水晶莹明朗，泛舟湖上，别有一番情趣。一个优秀的桥作品不仅能给人以使用功能上的满足，还能给人以无限的联想，激活深埋内心的情感。

（4）生态性

中国古典园林中一般都有水景，其形式包括池塘、湖沼、河川、溪流等。水有良好的生态效益，是人类赖以生存的重要物质之一。水可以减少空气尘埃，增加空气湿度，降低空气温度。水流动的声响能平静人的情绪，陶冶人的情操。而桥往往傍水而生，桥头绿化、桥廊上的绿色点缀，不仅能软化建筑给人的生硬感，增加颜色的跳跃感，丰富景观层次，使人亲近，还能通过物质循环和能量循环来改善生态环境。植物和水体在调节小气候、降低污染、消声、滞尘、杀菌等方面均有不小的作用。因此，桥在设计建造时，应多与植物相配合，桥头、桥身上尽可能多地利用植物，产生尽可能大的生态效益。

现代园林中，常采用人工材质作为结构基础，而通过表面处理手段，模仿自然材质的效果，节省了能源、资源，也体现了生态理念。

4.3　桥的分类

4.3.1　按功能和构造形式分类

桥按照功能可以分为跨水人行桥、跨旱溪桥、风雨桥等。桥的构造形式应取决于水面的形式和周围的环境特点，如：小型水面架桥，其造型应轻快质朴，通常为平桥或拱桥（图4-3-1、图4-3-2）；宽广或水势湍急的水面上应设高桥并带栏杆（图4-3-3）；平缓的水面上架桥可不设栏杆，或一边设栏杆，架桥低临水面，以增加亲近水面的机会（图4-3-4）；宽广或狭长的水面，应巧妙利用桥的倒影或建构曲折的桥身，利用桥体造型增添水面景色（图4-3-5）；若是大片平坦的湖泊，则应使桥体造型多变，并保证多种风格的桥和谐统一，过渡巧妙自然……桥自古代发展至今，形制样式可谓千变万化，材料不断更新，构造做法不断变化。

图 4-3-1　平桥

图 4-3-2　拱桥

图 4-3-3　高桥

图 4-3-4　临水平桥

图 4-3-5　桥的倒影增添水面景色

4.3.2　按构造材料分类

按构造材料不同可将桥分为木桥、石桥、竹桥和藤桥、钢桥、钢筋混凝土桥、汀步等。

（1）木桥

木桥（图 4-3-6）以木材为原料，是最早的桥梁形式。它给人以自然、原始、亲近的感觉。有一点需要注意：木材易被腐蚀，使用年限有限，这就需要进行防腐处理。木桥排水需要特别注意，木地面下方的龙骨要做开放式的排水通道。

图 4-3-6　木桥

（2）石桥

石桥（图 4-3-7）是指用石块来砌筑的桥。在园林中，狭窄的水面通常采用单块的条石来联系两岸；如果是大水面，则通常采用石拱桥，如泉州洛阳桥、苏州宝带桥等都是大型石拱桥的佳作。

图 4-3-7　石桥

（3）竹桥和藤桥

竹桥和藤桥主要见于南方，尤其是西南地区。竹桥和藤桥很有自然的野趣，但是，人走在其上会产生晃动，缺乏安全感。

（4）钢桥

钢桥（图 4-3-8）采用的钢材强度高，很能体现结构之美，通常为大跨径桥。

图 4-3-8　钢桥

（5）钢筋混凝土桥

钢筋混凝土桥（图 4-3-9）是以钢筋、水泥、石头为材质建造的桥，工艺简单，但景观效果不及天然材料。主体结构外露式的桥，经久耐用，但力学与美学完美结合是对设计师的一大挑战。

图 4-3-9　钢筋混凝土桥

（6）汀步

汀步（图 4-3-10）以石材或混凝土为单独基础。其简洁、跳跃的形态具有很强的律动感，经常用于平坦或者浅水区域。

图 4-3-10　汀步

4.3.3　按表皮材料分类

按表皮材料不同可将桥分为木饰面桥（图 4-3-11）、石材饰面桥、金属饰面桥、玻璃饰面桥、混凝土饰面桥（图 4-3-12）等。

图 4-3-11　木饰面桥

图 4-3-12　混凝土饰面桥

4.4.1 确定立意

桥的设计与其他园林建筑一样需要意匠。意者立意，匠者技巧，立意和技巧相辅相成不可偏废。所谓立意就是设计者根据功能需要、艺术要求、环境条件等因素，经过综合考虑所形成的总的设计意图。当然，功能的体现、结构的创造、艺术的表达、环境的利用与改造等均有赖于工程技术和工艺手段的支持。从古至今，我国书法、绘画艺术一直遵循"意在笔先"的创作思想。

"意在笔先"，其"意"即指"立意"。"立意"，即明确创作意图，确立作品的创作主题。桥的立意，首先解决交通功能，联系水陆交通，组织好游览路线，然后根据园林空间主题进行艺术处理，确立园桥的主题，使其达到较高的艺术思想境界，既满足功能需要，又具有艺术观赏性。

立意强调景观效果，突出艺术意境创造，同时也要重视桥的使用功能。在考虑艺术意境过程中，必须把桥的使用功能和自然环境条件两个因素考虑进去，否则，景观或艺术意境就会是无本之木、无源之水。两个最基本的因素就是交通功能和自然环境条件，两者在组景时需综合考虑。

比如，在皇家园林颐和园中，就是以佛香阁建筑群作为全园的构图中心，构成极其宏伟壮丽的艺术形象，并在昆明湖南段建园内最大的一座桥梁——十七孔桥，与南湖岛上的龙王庙形成以湖为中心的南北均衡之势（图4-4-1）。十七孔桥西连南湖岛，东接廓如亭，飞跨于东堤和南湖岛之间，是前往南湖岛的唯一通道，解决了交通功能。桥由十七个券洞组成，其艺术造型非常壮观。站在佛香阁上远远望去，十七孔桥像一道长虹飞跨在碧波之上。由此可见，古代匠师巧妙结合这些园桥的交通功能，因地制宜改造地形环境，创造适合于园林环境艺术的园桥，塑造具有特色的园林空间。

图 4-4-1 十七孔桥

4.4.2　基址选择

桥的设计从景观方面说，是创造某种和园林环境相协调并具有某种典型景效的造型塑造。环境条件在园桥设计中的地位和作用不言而喻。造园之前必须先观察地形、地势和面积。这里不仅要考虑建筑群的体形组合以及空间的处理，同时还要考虑如何利用地形、地势来引水、叠山，以产生不同的意境和情趣。

园桥与基址的整合，实际上包含了对基地的运用与选择两方面内容。选择基址是园林中建造构筑物的重要环节，也是对园桥的布局、位置做进一步的充实与发展。这里的"基址"是指园桥立基的自然条件和环境因素。中国古典园林中地形、地貌丰富，有山有水，有沟壑溪涧，有平川旷野以及丰富的植物种类，为建造园桥选址提供了优越的环境因素。"相地合宜，构园得体"是进行园林建筑空间布局的一项重要准则。因地制宜，借基建桥，安桥成景，更是关键所在。

4.4.3　布局形式

桥是园林空间或园林建筑空间的组成部分，其布局受园林空间布局及园林建筑布局的影响和制约。桥既是建筑物，又是飞跨空中的道路。这种双重属性，决定了它具有园林建筑的一些特性，同时又具有园路的一些特性。它的空间布局，自然与园林建筑及园路具有一些共性。

园林建筑在园林环境中的布局具有多种方式。许先升《因境成景，景到随机——中国传统园林建筑造景理法研究》一文将传统园林建筑的理景方式大概分为点景式、组景式与观景式三种。而园路最主要的功能就是组织游览路线，把园林环境中各种景点串联起来，形成一个景观序列，引导游人完成游览全程。结合园林建筑及园路的理景特征，从园桥在园林中景观构成的作用角度出发，分析园桥在园林中的布局特点，概括起来主要有点景式、序列引景式和组景式。

（1）点景式

点景式桥以桥单体的形象结合一定范围的环境构成景点，并且作为景点的构景中心，在环境中主要起点景作用。

（2）序列引景式

序列引景式是在结合园路的基础上发展起来的，结合园林建筑的点景效果，对游人产生引导性，按照一定行为空间的构设意图，将游览线路上的各个景点连贯成整体景象。此类桥一般布局在园路的转折或视线开阔的地方，与园路上的其他景观互为对景，相互吸引，让游人寻幽探奇，沿着游览路线游遍全程。

（3）组景式

所谓组景式桥，是指在园林环境景观构成中，桥起着组织园林空间或与其他园林建筑组合成为一个整体的作用。通过造景技法将自然环境、建筑（包括桥）、人等造景元素合理安排、组合，使景观空间的组合顾盼生情，有动、有静、有分、有合，从而充满生气和变化。

4.4.4　平面形式

平面形式是造型的基础。桥的平面形式与桥的跨越环境、桥基址、园林意境、体量等因素有密切的联系。园林设计中重要的指导思想是因地制宜，即与园林环境协调统一，所谓"按基形式，临机应变而立"正是桥平面选择时首要的出发点。桥的平面形式常用"="（图4-4-2）、"〕〔""之"字形（图4-4-3）等几种来表现。

图 4-4-2　"="形

图 4-4-3　"之"字形

4.4.5 结构造型

桥的造型艺术需要建立在一定的结构基础之上。

一座桥主要由以下几个结构部分组成：

① 上部结构，它是跨越河流、山谷或其他线路等障碍的结构；

② 下部结构，包括桥墩、桥台和基础，它们是支承桥跨结构的部分；

③ 附属结构，包括栏杆、桥头设施、园灯、步梯等。

这些组成部分的功能决定了各自的形式特点。组合到一起，则必须协调其各方面关系而服务于总体目的，使其巧妙地结合，协调统一。

4.4.6 装饰艺术

有了桥主体的造型艺术，便有了桥附属设施的装饰艺术。若赋予装饰一定的思想内容，装饰便具有生命力，桥的形象便更丰富起来。

园林中，某些桥不但具有跨越的基本功能，还具有一些其他的附加功能，如观赏、纪念、文化等精神方面的内涵，于是文字、图画、雕刻等装饰艺术都和园桥结合起来。

不论何种材料与结构的桥梁，可以作重要装饰的地方一般是桥路面入口处，即桥头。桥头的装饰艺术处理常结合桥所处环境，合乎比例、协调地把主桥和周边园林景观有机地联系起来，形成一个新的景观点，以示园桥的起始或结束，在空间上、视觉上告知人们园桥进出的位置范围，提醒人们关注此处风景。桥头装饰主要包括桥头建筑、雕塑小品、指示标志等。

4.4.7 色彩设计

色彩是通过形来体现的，其装饰效果犹如服装对于人体的作用。园桥造型的色彩不仅要"量体裁衣"，而且还要考虑与大自然的景色相协调，与周围环境色调和谐统一。通常我们讲一座建筑物的颜色很美，是因为它与周围环境协调。

在传统园林中，园桥用材受限于竹、木、石等几种天然材料。石材是最常见的园桥建造材料。石材本身固有色质，朴实无华，自然天成，易与周围环境相协调。因此传统石桥都是以石材的自然色为桥体色，而不加任何色彩装饰，使其更能与周围园林环境协调统一。

在现代园林中，园桥的建造材料从传统单一的非金属材料，发展到大量使用钢铁、水泥等材料，甚至采用新技术，提高材料技术含量，采用高性能的新型材料，如各种合金、玻璃钢等。通过新兴材料的设计表达，能创造出丰富多彩、具有现代设计感的简洁、明快的风格。

4.5 不同类型绿地中桥的布置及设计要点

从游人心理特征和行为活动出发对园林进行分类，如图 4-5-1 所示。日常生活型园林处于住宅、楼群或街道的包围之中；城市活动型园林往往处于城乡结合部位，或者自身范围相对敞阔；旅游休疗型园林则往往远离城市而处于大自然生态环境之中。下面分别介绍桥在不同类型园林中的布置及设计要点。

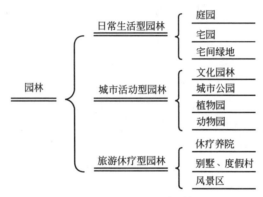

图 4-5-1　不同类型园林

4.5.1　日常生活型园林中桥的布置及设计要点

（1）样式设计

① 受场所限制，体量较小，样式简单、易造。

② 园桥常作为装饰、点缀出现，有时并不具备交通功能。

③ 简易汀步应用较多，作为小面积绿地中的园路。

（2）选址

① 绿地上或小池边。

② 新型住宅区景观设计常将园桥作为进入住宅的通道。

（3）设计要点

① 作为装饰的园桥需配合周围景致，小巧精致，趣味十足。

② 构造简单，材质新颖，常采用木材、玻璃等，突出现代感。

4.5.2　城市活动型园林中桥的布置及设计要点

（1）样式设计

① 样式宜简单、易造，不应有奢华感。

② 一般为园路的一部分，常以景观栈道的形式出现。

③ 栏杆构造线条简单，规则排列以产生韵律美，较少应用精雕细琢的雕刻图案。

（2）选址

① 在有水路的地点设置，包括原有及规划的水路。

② 在滨水地带，水面高度变化频繁、植被状况良好的地方设置。

（3）设计要点

① 结合地形，尽量减少对景观资源的改变或破坏。

② 材质简单、构造简洁。一般采用木材或混凝土，木材经防腐处理后，刷清漆或与本色相近的暗棕色、棕红色漆；若用混凝土材质，则常在表面模拟出木材纹理。

4.5.3 旅游休疗型园林中桥的布置及设计要点

（1）样式设计

① 设计样式宜简单、建造容易。

② 具有传统建筑或民族特色地区，可采用传统工艺或样式。

③ 桥梁设计样式应能发挥景点功能。

（2）选址

① 在有水路的地点设置，包括小型的地表径流汇聚及暂时性出现的隐藏水路。

② 在重要植物生长区、野生动物重要活动路径及地质松软或岩石不稳、容易塌方的地方设立桥梁。

（3）设计要点

① 应尽量配合地形，减少对景观资源的改变或破坏。

② 避免使用生硬的线条设计，破坏自然环境的和谐。

③ 设计样式及材质应简单、构造简洁，小型简易桥梁应尽量就地取材。

④ 针对动物迁徙路径，设置简易桥梁，为动物穿越提供条件。

4.6 桥的施工图绘制与实例

4.6.1 施工图绘制要点

桥的施工图一般包括平面图、立面图、剖（断）面图、节点大样图等。平面图表示桥的平面布置、各部分的平面形状；立面图表现桥的立面造型及主要部位高度；剖（断）面图表示桥某处内部构造及结构形式、断面形状、材料、做法和施工要求。

4.6.2 施工图绘制步骤

（1）平面图

桥的平面图是从顶视方向表示桥的平面结构、材质和尺寸。先以地平面为基准面，将桥的地上部分沿铅垂线方向投影到地平面上，再按比例绘制构成的图形，然后标注其平面尺寸、材料等。

（2）立面图

桥的立面图是在与桥立面平行投影面上所画的投影展开图。其内容主要是反映桥的外形和主要部位的标高及构造。绘制桥的立面图时，可先绘制地平线或桥面、栏杆的结构中心线；然后绘制栏杆等细部结构；在整体结构确定的基础上，根据规范调整图纸线型；最后对材料名称、细部尺寸和详图索引等进行标注。

（3）剖面图

绘制剖面图要先确定剖切位置和方向，再以地平线为基准线，按标高和尺寸，在基准线以上将桥体内部结构形式、断面形状等按比例完整绘制出来。在基准线以下将桥体基础内部结构形式、断面形状等按比例完整绘制出来，然后绘制出未剖切到的部位，最后详细标注其尺寸、标高、做法及工艺。绘图时剖面图与总平面图、立面图相配合，可以完整地表达桥的施工工艺及结构的主要内容。

（4）节点大样图

许多细部构造，如栏杆、平台结合处等，需要在施工图上准确地反映出来，以便更好地体现设计构思和施工工艺。这些部分尺寸较小，因此需要用较大比例来绘制这部分的图样。

4.6.3 施工图绘制实例

（1）实例一：弧桥

本实例为某弧桥的施工图绘制，其实景图如图 4-6-1 所示，其施工图如图 4-6-2 ～图 4-6-4 所示。

图 4-6-1　弧桥实景图

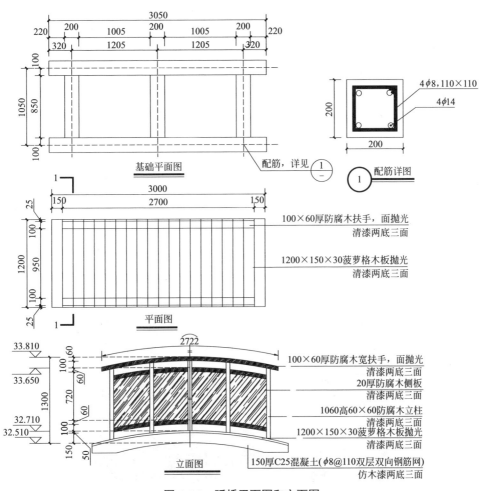

基础平面图

配筋，详见 ①

配筋详图 ①

4ϕ8,110×110
4ϕ14

100×60厚防腐木扶手，面抛光
清漆两底三面

1200×150×30菠萝格木板抛光
清漆两底三面

平面图

100×60厚防腐木宽扶手，面抛光
清漆两底三面
20厚防腐木侧板
清漆两底三面
1060高60×60防腐木立柱
清漆两底三面
1200×150×30菠萝格木板抛光
清漆两底三面
150厚C25混凝土(ϕ8@110双层双向钢筋网)
仿木漆两底三面

立面图

图 4-6-2 弧桥平面图和立面图

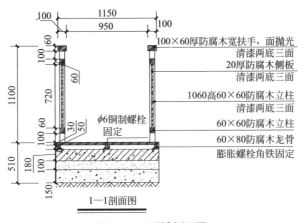

100×60厚防腐木宽扶手，面抛光
清漆两底三面
20厚防腐木侧板
清漆两底三面
1060高60×60防腐木立柱
清漆两底三面
60×60防腐木立柱
60×80防腐木龙骨
膨胀螺栓角铁固定

ϕ6铜制螺栓固定

1—1剖面图

图 4-6-3 弧桥剖面图

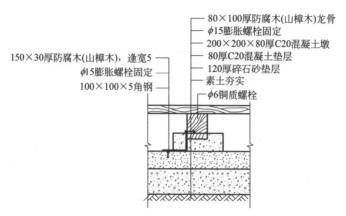

图 4-6-4　弧桥平台龙骨断面图

（2）实例二：平桥

本实例为某平桥的施工图绘制，其实景图如图 4-6-5 所示，其施工图如图 4-6-6、图 4-6-7 所示。

图 4-6-5　平桥实景图

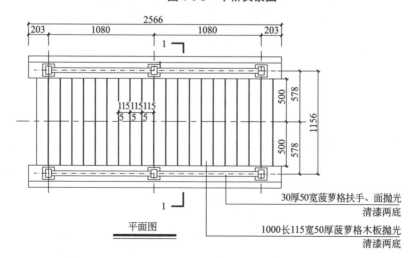

平面图

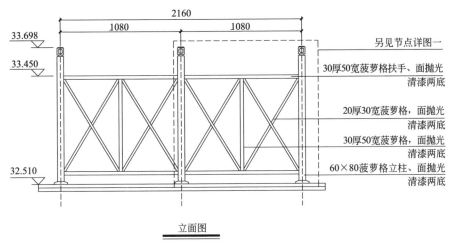

立面图

图 4-6-6　平桥施工图（平面图和立面图）

另见节点详图一

30厚50宽菠萝格扶手、面抛光
清漆两底

20厚30宽菠萝格、面抛光
清漆两底

30厚50宽菠萝格、面抛光
清漆两底

60×80菠萝格立柱、面抛光
清漆两底

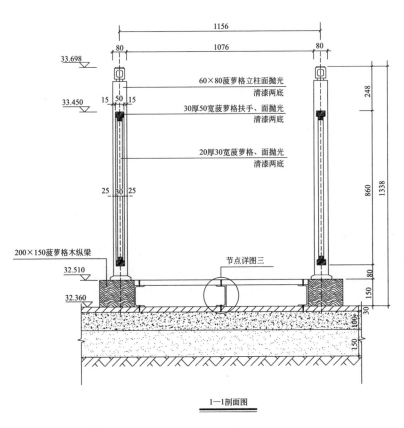

60×80菠萝格立柱面抛光
清漆两底

30厚50宽菠萝格扶手、面抛光
清漆两底

20厚30宽菠萝格、面抛光
清漆两底

200×150菠萝格木纵梁

节点详图三

1—1剖面图

图 4-6-7

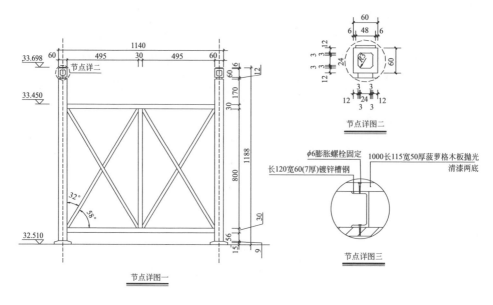

图 4-6-7　平桥施工图（剖面图和节点详图）

4.7　钢筋混凝土结构曲桥施工

　　某乡村振兴示范点为提升村落环境品质、满足村民日常生活休闲的需求，拟在村庄中一个池塘上建造一座钢筋混凝土结构曲桥（图 4-7-1）。根据钢筋混凝土结构曲桥的施工技术要求，正确进行施工。

图 4-7-1　某钢筋混凝土结构曲桥实景图

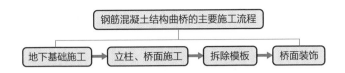

4.7.1 地下基础施工

地下基础施工的主要流程为：定点放线→基础开挖→基础垫层施工→基础承台、曲桥立柱钢筋绑扎→基础承台模板安装→浇筑基础承台混凝土及拆模。

注意事项：由于曲桥基础部分是建在水面下的，所以在进行曲桥的施工前，需要提前将水塘中的水抽干，并晾晒一段时间至水塘中的淤泥干燥，然后再进行基础施工。

（1）定点放线

根据施工设计图的要求放样，按照图纸中的坐标点及基础承台的平面尺寸（图 4-7-2、图 4-7-3），将基础承台的位置测放在池塘中。并用白灰将承台的外边线标示出来。

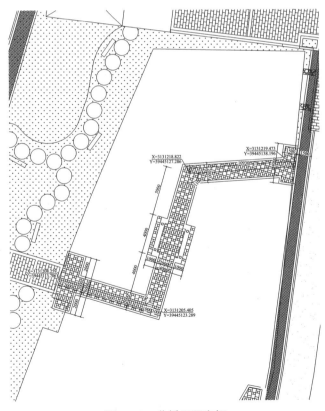

图 4-7-2　曲桥平面坐标

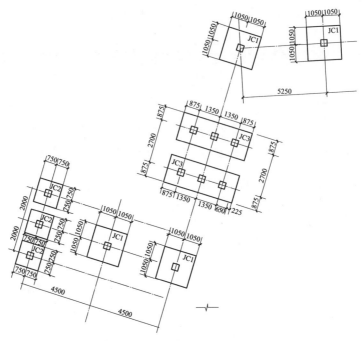

图 4-7-3 曲桥基础承台平面图

（2）基础开挖

放线完成后，安排挖机进场进行基础开挖施工。挖机沿着基础白灰线的外轮廓线自上而下开挖基础。开挖时需要先将表层的淤泥挖除干净，然后再根据设计图纸要求将曲桥基础深度挖至持力层300mm以下（图4-7-4）。由于池塘底部都是淤泥，因此开挖基础时应尽量将基础面扩大，以防止淤泥塌陷影响后续施工（图4-7-5）。

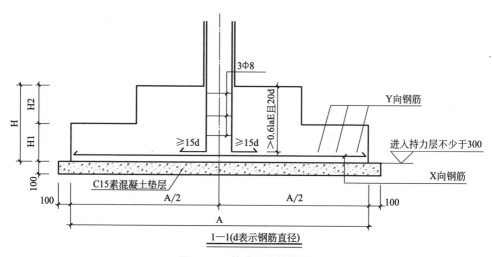

1—1(d表示钢筋直径)

图 4-7-4 基础承台结构图

图 4-7-5　基础承台开挖

（3）基础垫层施工

挖机将承台基础挖好后，由人工将基础开挖面修平整（图 4-7-6），然后使用全站仪等工具重新测放坐标点并完成基础承台外边线的放线工作。最后按照图纸设计的混凝土垫层厚度及时浇筑混凝土（图 4-7-7）。待混凝土凝固后及时洒水养护。

图 4-7-6　人工修整承台基础

图 4-7-7　基础承台垫层浇筑

（4）基础承台、曲桥立柱钢筋绑扎

在基础承台垫层混凝土养护期间，根据图纸安排钢筋工在钢筋加工棚内完成基础承台及立柱所需要的钢筋加工。基础承台钢筋及立柱钢筋的尺寸（图4-7-8、图4-7-9）详见图纸。

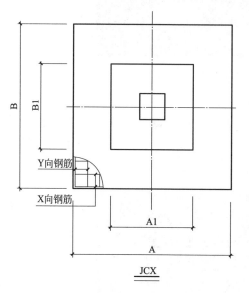

图 4-7-8　基础承台配筋图（单柱基础平面简图）

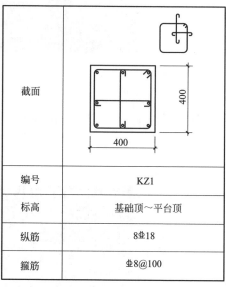

图 4-7-9　基础立柱配筋图

钢筋加工期间，现场根据图纸中承台基础坐标，利用全站仪等工具在基础混凝土面上将基础承台的中心坐标点及承台外边线测放出来，并使用墨斗弹线。将基础承台中心线和边线弹设出来，然后将加工好的钢筋运至现场。现场绑扎时应先按照基础承台钢筋的排布方向及间距进行摆放，摆放位置无误后由工人完成钢筋的绑扎，然后再进行基础立柱钢筋的绑扎。

注意事项：基础承台的基础钢筋下部需要用 20mm 厚的石材垫高，作为钢筋保护层的厚度；所有钢筋绑扎结束后，需校正立柱钢筋位置并进行加固，防止立柱钢筋在浇筑混凝土过程中发生倾斜，继而影响后续施工。

（5）基础承台模板安装

钢筋绑扎完成后，由木工进行模板安装。模板的大小按照基础承台及立柱的大小加工，具体尺寸详见图纸。安装模板时，将承台模板外边沿着弹设的承台外边墨斗线摆放到位。模板下部内侧钻孔打入钢筋头固定，外部用模板条做压脚处理，然后再将模板上部外边及内边用方料进行支撑加固。完成承台外模安装加固后再进行立柱部分模板安装，立柱模板间用铁钉连接固定，模板外部再用 ϕ50mm 钢管及 M12

对拉螺栓进行加固，并用方料及钢管做斜撑支护，防止浇筑混凝土时模板歪斜或爆模。

（6）浇筑基础承台混凝土及拆模

待模板安装加固完成后，可进行基础承台及立柱混凝土的浇筑和振捣。混凝土浇筑时采用天泵浇筑，先将基础承台位置的混凝土卸料至安装好的模板内，安排工人将混凝土摊平，然后采用插入式振捣棒进行振捣。待基础承台混凝土浇筑完毕后再进行立柱部分的混凝土浇筑。混凝土凝结养护到位后拆除模板并回填基础土方。

注意事项：混凝土卸料时需注意卸料口不要离浇筑面太高，以防止混凝土冲击力过大造成模板爆模、钢筋歪斜。

4.7.2 立柱、桥面施工

立柱、桥面施工的一般流程为：搭设钢管脚手架→立柱及平台梁、板模板安装→桥面平台梁、板钢筋绑扎→立柱及平台梁、板混凝土浇筑。

（1）搭设钢管脚手架

为了保证曲桥桥面正常施工，搭设脚手架前，需要先将基础承台周边土方回填，并将架设脚手架处的场地进行平整并夯实，以此来保证基础承载力。有条件的情况下可以将搭设脚手架的位置全部进行硬化处理。

根据图纸中的桥底标高及现场施工基础面标高计算出钢管脚手架的搭设高度。同时根据桥面平台的尺寸及脚手架搭设的规范计算出所需要的不同型号钢管的数量。租借相应数量的钢管运至现场，然后由架子工进行钢管脚手架搭设。

本案搭设钢管脚手架时，在脚手架立管的位置采用模板进行垫设，以此保证钢管脚手架立起来后不会发生下沉的情况，然后依据钢管脚手架搭设规范、要求依次完成钢管脚手架搭设（图4-7-10）。搭设钢管时下部距地面200mm处应设置扫地杆，钢管之间的横向、纵向要符合钢管脚手架搭设的规范。为保持钢管脚手架的稳定，周边需设置多道斜撑，防止钢管脚手架发生歪斜、倒塌。

图 4-7-10 搭设钢管脚手架

（2）立柱及平台梁、板模板安装

钢管脚手架搭设完成后，进行模板的安装。安装模板前，需要将立柱、梁、板的模板大小按照图纸中的尺寸进行加工。同时需要安排钢筋工绑扎立柱的箍筋，以便后期立柱模板的安装。安装模板时，先将所有立柱的模板安装到位，并使用ϕ50mm 钢管及 M12 对拉螺栓进行加固处理，然后再进行梁板面的模板安装。在钢管上使用顶撑（图 4-7-11）将铺设模板所需的木枋摆放平整，然后将板面及梁体的模板架设上去并用铁钉固定（图 4-7-12）。板面及梁体模板安装完成后安装桥面侧模，安装完成后需要用斜撑做加固处理，防止浇筑混凝土时模板爆模。

注意事项：安装模板时须在立柱下方预留几个吹扫孔，待后期清理完卫生后再进行封堵。

图 4-7-11　钢管脚手架顶撑　　　　图 4-7-12　曲桥立柱及平台梁、板模板安装

（3）桥面平台梁、板钢筋绑扎

安装桥面梁板模板时，梁板位置的钢筋同步可以由钢筋工进行加工，待模板安装完成后即可开始钢筋的绑扎工作。绑扎钢筋时，先绑扎梁体位置的钢筋，将梁体的主筋按照图纸中的位置和数量摆放好，然后将梁体的箍筋套放在主筋上，并且箍筋的弯钩叠合处沿纵向筋交错布置，弯钩角度为 135°，平直部分长度为 10d（d 为钢筋直径）。绑扎时箍筋与主筋相交点均要绑扎牢固，依次将钢筋绑扎完成。

根据图纸结构配筋图进行钢筋排放（图 4-7-13），先摆放板面纵向受力钢筋，本案中纵向筋长度大于 9m，所有纵向钢筋都需进行搭接处理。钢筋接头位置应根据钢筋总长度确定，同一连接区段内接头应错开距离，所有搭接钢筋的搭接长度须符合规范要求。绑扎板筋时先将受力主筋、分布筋摆放好，板面涉及预埋的也要配合进行预埋安装，如预埋件、电线管等。绑扎板筋时，外围一侧的钢筋相交点应全部绑扎。钢筋网内部绑扎采用插空式绑扎，隔一个点绑扎一个，依次完成板筋的绑扎

（图 4-7-14）。

注意事项：梁板柱的钢筋在排布摆放时，间距需符合设计要求及规范；钢筋搭接时，同一连接区段内接头应错开距离不小于 35d 且不小于 500mm，搭接长度需要符合规范要求。梁板面的钢筋绑扎完后均应采用 20mm 厚的石材垫高，以保护钢筋。

图 4-7-13　曲桥平台板筋排放

图 4-7-14　曲桥平台板筋绑扎

（4）立柱及平台梁、板混凝土浇筑

浇筑混凝土前，需要将立柱、梁、板面上的垃圾清理干净，用水冲洗模板，做湿润处理，并通过立柱预留的吹扫孔进行卫生清理。清理完卫生后将预留孔封闭处理。

浇筑混凝土时，先依次将所有立柱位置的混凝土放料至一定高度（图 4-7-15），然后使用插入式振捣棒振捣密实。再次倾倒混凝土至立柱完成面高度，依次振捣密实完成立柱混凝土的浇筑，然后再将混凝土倾倒至梁体内。梁体内混凝土同样采用插入式振捣棒振捣，将梁体混凝土振捣密实。最后再进行板面混凝土的浇筑，倾倒混凝土至板面，人工摊平（图4-7-16）。采用同样的方法进行混凝土的振捣（图4-7-17）。待混凝土振捣密实后，还需要由人工将混凝土面抹平（图4-7-18），保证后期装饰面的施工。混凝土浇筑完成后的第二天开始进行养护，养护时应覆膜洒水（图4-7-19），养护期不少于7天。

图4-7-15　平台混凝土卸料

图4-7-16　人工摊平混凝土

图 4-7-17　振捣混凝土

图 4-7-18　人工抹平混凝土

图 4-7-19　覆膜洒水养护

注意事项：浇筑混凝土时需要测定混凝土完成面的标高，保证混凝土的平整度在允许的偏差范围内。

混凝土自吊斗口下落的自由倾落高度不得超过 2m，如超过 2m 则必须采取加串筒措施。

浇筑混凝土时应分段分层进行，每层浇筑高度应根据结构特点、钢筋疏密决定。一般分层高度为插入式振动器作用部分长度的 1.25 倍，不超过 500mm，平板振动器的分层厚度为 200mm。

4.7.3　拆除模板

待桥面及立柱混凝土经养护达到拆模要求的混凝土强度时，方可进行模板拆除。拆模前，需要依次将钢管支撑立柱拆除。钢管拆除的原则是"先支后拆，后支先拆，由上而下，循环往复，依次卸落"。拆除时应做到一步一清、一杆一清。拆立杆时，要先抱住立杆再拆开最后两个扣件。拆除大横杆、斜撑等时，应先拆中间扣件，然后托住中间，再结断头扣。

先将所有钢管支架全部卸落完毕并清运至施工场地外，然后开始进行模板的拆除。拆除模板时，用长铁撬棍拆除桥面及梁的模板。人应站在侧方，不要站在正在拆除的模板正下方，避免整块模板掉落伤人。拆模间歇时，应将已活动的模板、支撑拆除运走，妥善堆放，防止人员踩踏模板，造成意外伤害。

桥面模板拆除完毕后，再拆除立柱模板。拆除立柱模板时，先将外围加固用的钢管和对拉螺栓拆除，然后用撬棍由上而下、分层拆除。拆除时，用木槌或带橡木垫的锤向外侧轻击模板上口，使之松动，脱离柱混凝土。不得用大锤、撬棍硬砸猛撬，以免混凝土的外形和内部受到损伤。已拆除的模板及配件应集中堆放在地上。

4.7.4　桥面装饰

本案桥面装饰的主要流程为：水泥压花仿石青板面层施工→侧板面粉刷→侧板面真石漆施工。

（1）水泥压花仿石青板面层施工

首先进行混凝土浇筑，人工将混凝土摊铺开来并振捣密实。待混凝土初凝后，由现场工人采用抹子对混凝土表面进行收光。收光时应注意表面上是否存在浮浆。如果有多余的浮浆，应人工使用抹子或其他工具刮出。当收光完成后，混凝土表面水分基本蒸发，但仍保持湿润状态时，即可撒彩色强化料。

第一次撒布彩色强化料应按分仓面及施工范围的数量，先将大约 2/3 用量的彩色强化料人工均匀地撒布在混凝土表面上，当地坪强化料吸收混凝土的水分而均匀变暗后，开始用大抹刀进行收光。此阶段应注意不宜搓抹过度，否则可能出现色差或暴露出混凝土本色。

第二次撒布剩余的 1/3 材料。第二次撒布主要对混凝土覆盖较薄或露出混凝土本色的部位进行补料。此时，彩色强化料同样会吸收水分而变暗。待表面强化料均匀湿润后，用大抹刀进行二次收光。两次撒料的目的是由此保证强化料的覆盖面及渗透结合的均匀程度。

最后撒布艺术地坪彩色脱模粉。彩色艺术地坪脱模粉的撒布也应掌握好时机和均匀度，应在准备开始压模时进行。由于该材料是轻质粉末，所以撒布的时候应该避开大风，并顺风方向撒布。脱模粉的用量与均匀程度和施工人员撒布的熟悉程度有关。

接下来做的是使用艺术地坪模具对地坪面层进行纹理处理。艺术地坪模具应配套使用，首先确定好纹理的分布方向，选好第一块模具放置的位置和角度，然后其他的模具依次紧贴第一块模具放置。彩色混凝土艺术地坪压模采用人工压模，压模应由技术较好的人员进行作业，以保证压纹深度一致和模具放置的准确性。

纹理压印完成后应立即封闭施工现场，避免无关人员误入作业区，破坏新完成的彩色地面。对艺术地坪封闭 2～3 天后进行冲洗。正常情况下为了防止新造路面被污染，工人都是在工程全部纹理压印完成后统一进行冲洗。冲洗时不必将脱模粉全部冲洗干净，应留有 10% 左右的脱模粉颜色。这样的艺术地面就会有很好的渐变效果。彩色艺术地面完全干燥后，由施工人员使用专用保护剂喷涂艺术地坪表面，对地面进行颜色封闭和光泽处理（图 4-7-20）。

（2）侧板面粉刷

桥面面层完成施工后，根据图纸中的要求，对桥面侧板进行抹灰找平。

（3）侧板面真石漆施工

侧板面真石漆施工的一般流程为：清理基面→刮腻子→涂刷底漆→贴格缝纸→喷涂真石漆→除去美纹纸→涂刷透明面漆。

① 清理基面：在开始真石漆施工前，需要处理基层的凹凸不平和棱角等位置，将表层的浮灰清理干净，否则会影响附着力，并保持充分干燥。

图 4-7-20　水泥压花仿石青板

② 刮腻子：根据基面平整度状况，刮一遍到两遍专用防水腻子。平整度控制误差值在 4mm 以内。

③ 涂刷底漆：在基层上均匀地喷涂或滚涂一层防潮抗碱封闭底漆，完全封闭基面，真正起到防渗、防潮、抗碱的作用，不可过量兑水，要使其完全遮盖底材。真石漆专用底漆与真石漆的颜色接近，可防真石漆透底，出现发花现象。

④贴格缝纸：按照设计要求的分格方式，先用直尺或标线做出直线记号，然后用黑漆描线，再贴美纹纸分格。贴美纹纸时需注意必须先贴横线，再贴竖线，封有接头处，可钉上铁钉，以免喷涂后找不出胶带源头。

⑤喷涂真石漆：喷涂真石漆前，应将真石漆搅拌均匀，装在专用的喷枪内，准备喷涂。喷涂顺序为从上往下，从左往右进行喷涂，不得漏喷。可先快速地薄喷一层，然后缓慢、平稳、均匀地喷涂，喷涂厚度 2～3mm 即可。用喷枪喷涂真石漆主材，依据设计要求的花纹大小和起伏感强弱来调整喷枪出气量。喷涂次数也需要根据颜色调整，喷涂 1～3 遍。

注意事项：喷涂的效果与喷嘴的大小、喷嘴至墙面的距离有关。当喷嘴口径为 6～7mm，且喷嘴与墙面的距离适当调大时，喷出的斑点较大，凸凹感比较强烈；当喷嘴的口径为 3～6mm，且喷嘴与墙面的距离适当调小时，喷出的斑点较小，饰面比较平坦。

⑥除去美纹纸：真石漆喷涂后应立即撕掉美纹纸，美纹纸去除必须小心，不得影响涂膜切角，去除时注意尽量往上拉开，不要往前拉。

⑦涂刷透明面漆：待真石漆完全干透后，可全面喷涂、滚涂罩光面漆，注意施工温度不低于10℃，喷涂两遍，间隔2h，提高真石漆的自洁性能。面漆在干透前为乳白色，干透后则是透明色。

注意事项：底漆即为格缝的颜色，具有耐候性。每道工序的施工需要在前一道工序彻底干燥后进行。

4.8 防腐木直桥施工

图 4-8-1 防腐木直桥

某小区园林景观设计，为满足居民游园及观景需求，在人工湖上建造一座防腐木直桥（图 4-8-1）。根据防腐木桥的施工技术要求，正确进行施工。

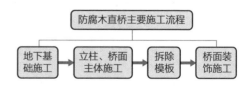

4.8.1 地下基础施工

地下基础施工的主要流程为：定点放线 →

基础开挖→基础垫层施工→基础承台、直桥立柱钢筋绑扎→基础承台模板安装→浇筑基础承台混凝土及拆模。

（1）定点放线

根据图纸中园桥的三个坐标点（图4-8-2），应用全站仪确定园桥的位置，并施打木桩进行定位。

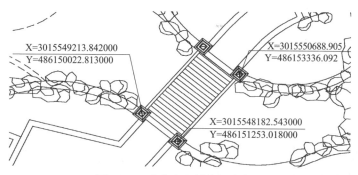

X=3015549213.842000
Y=486150022.813000

X=3015550688.905
Y=486153336.092

X=3015548182.543000
Y=486151253.018000

图4-8-2 防腐木直桥坐标定位图

（2）基础开挖

本方案中的园桥架设在人工湖上，而在人工湖施工过程中园桥基础部分基本同人工湖基础一起开挖，所以园桥基础开挖基本只需要人工做适当修整即可（图4-8-3）。

（3）基础垫层施工

基础垫层施工基本同钢筋混凝土结构园桥施工。

图4-8-3 人工开挖基础

（4）基础承台、直桥立柱钢筋绑扎

基础承台、直桥立柱钢筋绑扎基本同钢筋混凝土结构园桥施工（如图4-8-4）。

图4-8-4 基础承台放线

图4-8-5 桥面模板安装

（5）基础承台模板安装

基础承台模板安装基本同钢筋混凝土结构园桥施工。

（6）浇筑基础承台混凝土及拆模

浇筑基础承台混凝土及拆模基本同钢筋混凝土结构园桥施工。

4.8.2 立柱、桥面主体施工

立柱、桥面主体施工基本同钢筋混凝土结构园桥施工（图4-8-5～图4-8-7）。

图4-8-6 桥面钢筋绑扎

图4-8-7 桥面混凝土浇筑

4.8.3 拆除模板

拆除模板基本同钢筋混凝土结构园桥施工。

4.8.4 桥面装饰施工

桥面装饰施工的一般流程为：材料加工→确定龙骨边线位置弹线、打孔→镀锌方管龙骨安装固定、调平→面板、封板安装→面层油漆装饰。

（1）材料加工

桥面装饰施工主要是进行防腐木面板的安装。安装前应加工好所需的相应规格及数量的龙骨及面板。首先制作龙骨，本方案中的龙骨采用的是50mm×50mm镀锌方管。根据设计图纸中桥面的长度及宽度计算出所需要的镀锌方管数量，然后将50mm×50mm镀锌方管加工相应的长度和数量。其次是加工面板，按照图纸中的尺寸规格将150mm×50mm厚的防腐木面板加工出相应数量，以备后续使用。

（2）确定龙骨边线位置弹线、打孔

龙骨加工好后，根据图纸中龙骨的排布位置及间距，在与面板铺设方向相垂直方向的地面上确定龙骨中心线、边线，按合适间距（<700mm）弹线并标记出固定龙骨的位置。要求同一根龙骨下相邻孔距不得超过700mm，同时离龙骨两端底最近的两个孔距其端底的距离不得超过100mm，孔的深度应确定为80mm。

然后根据膨胀螺栓的大小和长度选择合适的冲击钻头，在标记点位置钻洞打孔，将膨胀螺栓敲打进孔洞内并依次完成所有固定点的施工。

注意事项：打孔时，沿着弹好的墨斗线依次打孔，不能偏离直线，电钻所配置的卡尺要装上，调好长度以控制孔的深度，不能凭感觉预测孔的深浅。

（3）镀锌方管龙骨安装固定、调平

打孔后，使用M10膨胀螺栓将100mm×100mm角钢固定在地面上，同时调整角码的位置和方向，保证同一直线上的角码都在一条直线上。接下来开始龙骨的安装固定。首先应用水准仪测定龙骨完成面标高，然后调整龙骨高度，确认无误后，采用电焊的形式将角码焊接在龙骨上，进行临时固结（图4-8-8）并调整水平。

图4-8-8　桥面龙骨预排图

龙骨全部固定好后，用2m长的直平铝合金条或水平尺检测龙骨的水平平整度。平整度不大于2mm时，调整龙骨的水平高度，低于水平尺寸部分使用平垫或对半枕调平并垫实。垫片用枪钉或焊接固定。

龙骨全部调平固定后，使用C20混凝土制作成200mm×200mm厚混凝土墩加固（图4-8-9）。其做法是：两端头各一个，中间位置间隔1～1.5m在龙骨下方浇筑混凝土墩包裹住龙骨，且混凝面要超过龙骨侧面尺寸的1/2以上。现场具体根据龙骨的大小、尺寸等情况，适当增加混凝土墩加固龙骨。

图 4-8-9　龙骨固定安装

注意事项：如龙骨有接口，接口处应留有 1 ~ 3mm 伸缩缝。龙骨相邻搭接接缝处应错开，不允许在同一直线上。龙骨安装固定前应先涂刷一道防腐面漆，延长使用寿命。园桥侧面有封板的情况下，安装龙骨时应预留出封板的安装位置。

（4）面板、封板安装

将切割好的木材涂刷一道防腐底漆。安装前先进行预铺，在预铺过程中控制面板之间的间隙，保证面板间隙的均匀度。预铺后两头先临时固定，并调平水平标高作为参照水平面。调平后再使用手电钻将螺栓攻入面板至龙骨，然后依次安装固定面板（图 4-8-10）。面板安装完毕后再进行封板的安装。

图 4-8-10　面板固定安装

注意事项：防腐木面板安装之前应进行挑选和面层处理，保证面层的平整度及光洁度。

螺栓固定安装面板时，应带线控制螺栓的位置，保证固定面板的螺栓都在一条直线上，且螺栓的间距均相等。

（5）面层油漆装饰

面层油漆装饰前，应先清除木材表面的毛刺和污物，用砂布打磨光滑。有裂缝处打底层腻子，干后使用砂纸打磨光滑。底漆、面漆按设计要求逐层施工。

注意事项：

清漆严禁脱皮、漏刷、斑迹、透底、流坠、皱皮，表面应光亮、光滑、线条平直。应用干净布浸油后挤干，揉涂在干燥的木材面上。施工完后应进行成品保护，防止油漆未干时人为破坏成品。

面层进行油漆装饰之前应先利用废料做试样，进行调色涂刷油漆，并与国标色卡的颜色进行比对，保证油漆颜色的准确性，然后再进行面层油漆的装饰。

4.9　栈道施工

某公园为满足假山、跌水等元素的造景需求，在水系上设计了一座栈道（图 4-9-1），继而满足游人在公园内游玩又可近距离接触水系的需求。根据栈道结构施工图及技术要求，正确进行施工。

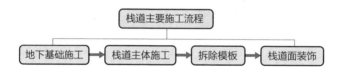

4.9.1　地下基础施工

地下基础施工的一般流程为：定点放线→基础开挖→基础垫层施工→基础承台砖胎膜砌筑→基础承台、栈道立柱钢筋绑扎→浇筑基础承台混凝土。

（1）定点放线

根据图纸中的尺寸及栈道与公园内已有建筑物的相对位置关系，在图纸中标记出需要放线的位置及尺寸。在现场根据这些尺寸进行定位放线，并用白灰标记基础承台的位置。

（2）基础开挖

基础开挖的操作基本同钢筋混凝土桥的施工。

（3）基础垫层施工

基础垫层施工的操作基本同钢筋混凝土桥的施工。

（4）基础承台砖胎膜砌筑

根据图纸中承台的位置及单个承台平面尺寸进行二次放线，用墨斗弹出基础承台的中心轴线及承台的边线。测定基础垫层的标高，先用砂浆找平，然后由工人按照弹线的位置砌筑300mm高的砖胎膜（图4-9-2）。砖胎膜采用"全顺"的形式砌筑，砌筑墙体为12墙（半砖宽）。砌筑时墨线位置作为砌体的内边，应保证墙体内侧平整、顺直，还要保证内空尺寸符合设计要求。

图 4-9-1 某栈道实景图

图 4-9-2 砖胎膜砌筑

（5）基础承台、栈道立柱钢筋绑扎

基础承台钢筋绑扎基本同钢筋混凝土桥的施工（图4-9-3）。立柱钢筋绑扎前，先将加工好的相应数量的立柱、主筋、箍筋挑选出来，按照单个立柱需要的钢筋数量摆放在临时支架上（图4-9-4），箍筋按照间距要求套放在主筋上，每相邻两个箍筋的弯钩叠合处应错开布置。排好钢筋后依次将柱筋与箍筋绑扎牢固。

图 4-9-3 承台钢筋绑扎

所有柱筋绑扎好后，将绑扎好的柱筋按照立柱弹设墨斗线的位置放置柱筋（图4-9-5），然后用扎丝将柱筋与承台钢筋绑扎在一起。绑扎完后用吊线锤调整钢筋垂直度，用钢筋或木条将钢筋进行固定，防止浇筑混凝土时发生倾斜（图4-9-6）。

图4-9-4 立柱钢筋摆放、绑扎

图4-9-5 立柱钢筋定位

（6）浇筑基础承台混凝土

基础承台混凝土浇筑基本同钢筋混凝土桥的施工（图4-9-7）。

图4-9-6 立柱钢筋矫正固定

图4-9-7 浇筑基础承台混凝土

4.9.2 栈道主体施工

栈道主体施工的一般流程为：立柱模板安装→栈道梁模板安装→栈道梁钢筋绑

扎→栈道梁、柱混凝土浇筑

（1）立柱模板安装

立柱模板安装前先用墨斗放线，然后再进行模板安装加固（图4-9-8、图4-9-9），具体操作流程详见钢筋混凝土结构园桥施工。本案立柱较小，加固处理采用的是木工镰刀卡头。施工时卡头一定要卡紧，以防后期浇筑混凝土时爆模。

图 4-9-8　弹墨线

图 4-9-9　立柱模板安装

（2）栈道梁模板安装

栈道梁模板安装施工流程大致同钢筋混凝土结构桥施工（图4-9-10）。安装时注意调整梁底模板的水平标高和侧向模板的加固处理。

（3）栈道梁钢筋绑扎

栈道梁钢筋绑扎施工流程大致同钢筋混凝土结构桥施工（图4-9-11）。

图 4-9-10　梁模板安装

图 4-9-11　梁体钢筋绑扎

（4）栈道梁、柱混凝土浇筑

栈道梁、柱混凝土浇筑施工流程大致同钢筋混凝土结构桥施工。

4.9.3 拆除模板

拆除模板施工流程大致同钢筋混凝土结构桥施工。拆除模板时，先拆除边模，柱模及底模需待混凝土达到设计强度后方可拆除。

4.9.4 栈道面装饰

栈道面装饰施工的主要工作有：栈道面麻石安装、防腐木栏杆柱安装。

（1）栈道面麻石安装

待混凝土强度达到要求后，使用挖机用吊带将麻石板吊运至栈道梁上方（图4-9-12），人工扶至梁面上，到达安装位置后，将麻石板放下。使用水准仪或红外线水平仪测定麻石板面的水平标高，若有高差则采用废石板或砖头根据高差确定铺垫厚度，调整麻石板面的标高（图4-9-13）。确认水平标高无误后，放下麻石板。并使用水泥砂浆铺垫在麻石板下面，保证麻石板的稳固。

图 4-9-12　吊装麻石板　　　　　　　　图 4-9-13　调平麻石板

安装完毕后，由木工先在模板上用电钻钻孔（图4-9-14），然后用铁丝及木枋吊装模板（图4-9-15）。安装好模板后，将石板面浇水湿润，然后人工灌注砂浆并勾缝抹平（图4-9-16）。

（2）防腐木栏杆柱安装

安装前，根据图纸要求将整根防腐木加工成小段的防腐木栏杆柱（图4-9-17），按照要求加工出图纸中相应数量的栏杆柱。然后根据图纸中立柱的位置进行放线，将所有立柱的中心位置用墨线弹出来，并标记。

图 4-9-14 模板钻孔

图 4-9-15 吊装模板

图 4-9-16 石缝灌浆

图 4-9-17 加工防腐木栏杆柱

接下来使用电钻在立柱边界位置钻孔，其大小按照 M12×100mm 膨胀螺栓的大小深度确定。然后用膨胀螺栓安装固定不锈钢护筒（图 4-9-18），拧开膨胀螺栓，然后将角码安装并用螺栓临时固定好（不要完全拧紧），依次将所有不锈钢护筒安装好。

栈道立柱按图纸中栈道呈现的段落进行安装。在每一段栈道中先将其两端头位置的立柱安装好（图 4-9-19），然后再带线安装中间立柱，确保立柱安装后在一条线上。安装时，将加工好的立柱对准立柱中心位置放置，然后调整立柱垂直度（图 4-9-20）。确保立柱垂直后，拧紧膨胀螺栓，然后再通过角码对准立柱，施打螺栓固定立柱，依次将所有立柱完成安装。

完成桥面立柱栏杆的安装后，用砂纸将防腐木表面打磨抛光，然后再用木器漆调色喷漆。完成所有的栏杆喷漆后，将周围保护起来以防防腐木受到污染。

图 4-9-18 安装不锈钢护筒

图 4-9-19 调整立柱两端水平

图 4-9-20 调整立柱垂直度

复习思考题

① 在园林景观中，桥的特点有哪些？

② 在桥的设计中需要注意哪些设计要点？

③ 桥的类型有哪些？分别有什么特点？

④ 如何在设计过程中，将桥的立意与环境相结合？

⑤ 在桥的施工图绘制中，需要注意什么要点？

⑥ 简述钢筋混凝土结构曲桥地下基础施工的施工流程和注意事项。

⑦ 简述镀锌方管龙骨安装基础的注意事项。

⑧ 简述栈道地下基础施工的施工流程。

第5章

景墙的设计与施工

5.1 景墙的含义及功能

5.1.1 景墙的含义

在现代园林景观中，景墙不仅是传统意义上的土墙、砖墙、水幕墙，还包括各种形式、功能多样及不同材质组成的垂直物的集合。在城市景观环境空间中，具有分隔空间、遮挡视线、引导交通或者保持水土流失等作用，可以独立成景或与其他园林要素如水体、山石、植物组合成景的竖向景观，都可以称为景墙。景墙是一种园林小品，形式多样，材料丰富，功能根据需要而定。

现代城市景观中也把景墙作为表达文化的载体，是倡导文化城市建设、突出城市地域特征的重要表达方式。文化墙就是现代园林中出现的新名词，把景墙在城市文化建设中的特殊作用进行了浓缩和概念性的总结。

5.1.2 景墙的功能

景墙属于园林景观小品，是景观环境重要的组成部分。景墙是由传统居住建筑中的墙体衍化而来，既与人居生活息息相关，又具有其独特的景观价值。不仅可以组织环境空间，起到引导作用，还可以营造优美的环境以及渲染特定的场所氛围，表达文化意境，使观赏者产生共鸣。

5.1.2.1 景观承载

景墙作为景观载体，其材质、色彩搭配、造型设计等方面具有很大的变化空间，极具抽象性和艺术性，提升了其自身的审美价值及观赏价值。景墙以其精巧的造型，点缀在园林之中成为景物之一。

景墙在园林中的主要功能是造景，通过色彩、材质、纹理质感、造型设计等方式营造景观美感，突破墙体本身的单调与硬朗，同时与周围不同景观元素的搭配（如植物、水景、灯光）都大大拓宽了景墙的景观价值，也可提升整体景观质量（图5-1-1）。

(a) 古典景墙景观

(b) 现代景墙景观

图 5-1-1　景墙景观

5.1.2.2　空间划分

园林设计中，围墙和景墙是划分空间的重要手段。景观空间讲究变化，层次分明、丰富的景观空间，可以组织、控制和引导游览。一般中小型园林，为了扩大空间感，加深景观层次，常采用"小中见大"的分隔手法，达到"庭院深深深几许"的艺术效果。苏州园林利用不同的园墙与其他建筑结合，形成各具特色的园林空间，点出了"小廊回合曲栏斜""梨花院落溶溶月"等诗情画意。在景墙的应用设计上，通常会与漏窗门洞相结合，构成"园中有园，景中藏景"之妙（图5-1-2）。通过景墙的划分，即使很小的园林空间也可以因为巧妙的空间布局变得别有洞天，神秘而有意境。

5.1.2.3　文化表达

在物质文明高度发达的今天，城市公共文化和艺术的建设已成为发展现代化城市、提高城市文化品位的一条路径。城市因景墙而异彩纷呈，文化因景墙而可感可触。城市文化景墙既是现代城市的一张文化名片，又是彰显城市个性、宣传城市形象的新兴传播载体。景墙与文化符号、文化雕塑等元素的结合使其成为贯穿历史、体现时代文化、具有较高审美价值的精神产品（图5-1-3）。景观是社会文化的物化表现，而景墙在一定环境中则承载着包含信息来表现社会文化特征的使命。

图 5-1-2　景墙划分空间　　　　　　　　　图 5-1-3　文化景墙

5.1.2.4　组织和引导游览

　　景墙可以将空间进行巧妙的划分，利用墙的延续性和方向性，指引观赏者的游览方向。连续式景墙大多位于园林内部景区的分界线上，起到分隔、组织和引导游览的作用，或者位于园界的位置对园地进行围合，构成明显的园林环境范围，引导游人在各个景观范围内游赏。而园界上的景墙除了要符合园林本身的要求以外，有的还与周围道路融为一体，起到组织游览路线的作用。

　　园路旁的景墙加上适当的绿植，沿着小路前进，既能为游客引导方向，也丰富了沿路的景观（图 5-1-4）。

(a) 公园景墙引导　　　　　　　　　　(b) 小区景墙引导

图 5-1-4　景墙引导游览

5.1.2.5　其他附属功能

（1）防护功能

园林景墙由围墙演变而来，而围墙作为园界墙体，其主要功能是防护，且具有装饰环境的作用。有的景墙在充当环境小品的同时也兼顾了固土护坡、蓄洪护堤的功能。譬如水域沿岸常见的驳岸处理、山体护坡和挡土墙等构筑物。这类构筑物所采用的形式一般是根据建筑用地的实际情况来设计确定的，用材决定外观质感，直接影响挡土墙或护坡的景观效果。

（2）安全功能

安全性需求是人类最基本的需求，只有物质环境能够让人有安全感时，人们才会全身心参与各种活动。在实际应用中，景墙往往是为了契合此功能而建，景墙可以为使用者提供一定的遮掩、支撑，同时还可以作为庇护物。这种安全感的实物促使更多游览者参与和使用。

5.2　景墙的特点

5.2.1　形式多样性

景墙不仅可以从色彩方面表现不同的形式，还可以从质地上突出不同的形式。质地的光滑与粗糙、虚与实、光与影以及材质的多样性，是表现景墙特色与丰富性的重要方面。此外，景墙材料的多样性在形状、方向上形成各种造型的艺术景观效果。

景墙的形式多样性还可以表现在与其他园林要素的搭配上。景墙可以与不同的园林要素结合，从而产生不同的景观效果。例如，江南园林中常用的造景形式——白墙翠竹（图 5-2-1），打造的是一种空灵、质朴的氛围，若是用现代材料钢铁或者玻璃与翠竹搭配，则可形成一种冲突感，展现元素的碰撞，产生强烈的对比。同时，景墙的形式多样性可以使景墙与各种景观环境和谐统一。

图 5-2-1　白墙翠竹

5.2.2 功能丰富性

景墙的功能应具有多元性。除了分割各个景观区域的空间之外，在某些特定的场所又会具有护坡、遮挡瑕疵、装饰等功能。例如，在现代景观中设计一道较矮的

墙体，这一墙体既可以作为分割空间的元素，也可以成为人们休息的座椅或休闲活动的设施。此外，景墙自身还具有观赏价值，是景观的载体。

景墙可以通过浮雕及文字的形式来传达文化、信息；此外，通过景墙材质、构图、排列及与其他景观要素相结合等方式可以形成视觉效果较佳的园林景观；再者，利用重复的手法还可以产生不同视点的空间效果（图 5-2-2）。

图 5-2-2　浮雕景墙

5.2.3 场所广泛性

古典园林中作为景观载体的景墙多见于皇家园林、私家园林和寺观园林中，所以古典园林中景墙所服务的景观类型具有局限性。而随着人类文明的不断进步，现代景观服务于大众从而产生了更多类型的城市环境空间，比如居住空间、商业空间、滨海滨河步道、学校、医院、城市公园、绿地、街区等。作为重要的造景要素，景墙能够在各种场所中发挥作用，加强场所的景观价值，同时景墙还具有多功能性，是各种场所青睐的造景元素。现代景观环境的营造需要更多元素的融合，这使得景墙在各种环境中出现，产生不同的景观效果。

在纪念性园林中（图 5-2-3），可将纪念性图案和诗词与景墙结合，另外，若将景墙放在入口还具有障景的作用，引导人们继续前行欣赏景观。

居住区中，为了突出居住区的名字（图 5-2-4），常采用文化石这一元素构成景墙，既具有古韵，又作为入口一景。景墙可以运用在任何景观环境中，通过景墙的材质、色彩、质地等方面来体现不同的场所风格。

图 5-2-3　纪念性景墙

图 5-2-4　居住区入口景墙

5.3 景墙的分类

按照功能、风格、材质等的不同，可以把景墙分为不同的类型。

5.3.1 按功能分类

（1）景观墙

景观墙具有审美价值，而且能够通过充分占有人的视觉感官而将信息的传达度和关注度提升至最高。景墙是思想、艺术、色彩、尺度、光影、肌理等城市景观要素的承载界面。

（2）挡土墙

挡土墙是防止土坡坍塌而承受侧向压力的构筑物，在园林建设中被广泛地用于房屋地基、堤岸、道路边坡、桥梁台座、假山等工程中。挡土墙原本只是作为一种功能性的构筑物，但在现代园林中，已越来越重视发挥其美化空间、美化环境的作用，其立面的美化手段也丰富多彩。

（3）文化墙

景墙是一种界面，具有阻挡视线的功能，充分利用这一特性，聚焦游览者的视线，成为"站立"的文化宣传册，展示城市文化和风采。诗词歌赋画等都能通过景墙来传播。墙壁因为有了名诗佳作而增色，而印刻的文化又因为有了景墙的承载而得到展现。

（4）花墙

具有窗洞、花窗、花格或通花隔栅、园林门洞的园墙通称花墙。花墙上的窗洞与门洞相似，只是不能让人通行，具有框景和对景功能，使分隔的空间取得联系和渗透。花墙形式灵活多变，能创造丰富优美的景观画面。

（5）设施墙

设施墙用于特定环境空间，具备遮挡或满足娱乐交往活动的功能。古典私家园林中的照壁就可以看作一种设施墙。照壁一方面能够显示主人身份、品位，另一方面能够起到遮挡的作用，并能划分宅院内外空间，是一个很好的屏障和界定物。现代园林中的设施墙则应用范围更广、形式更为多变。

5.3.2 按主要风格分类

按主要风格可以把景墙分为古典式景墙、现代式景墙和混合式景墙等。

（1）古典式景墙

古典式景墙的特点就在于融合了古典的元素，如山水文化、松柏以及古典诗词等，进行搭配组合，呈现出中式的独有意境。古典式景墙常见的设计方式都会结合山水文化，做出山水纹样或其他构件。除了山水之外，古典诗词歌赋中的梅兰竹菊以及月亮、小桥、船等都可以作为中式景墙的设计元素，以不同的形态呈现出来。一些富有地方文化特色的元素也可以作为古典元素提取，例如岭南文化、江南的黑瓦白墙等，都展现了古典园林的魅力，用写意的手法再现内敛的东方文化，寄情于山水，体会意境之美（图 5-3-1）。

图 5-3-1　古典式景墙

（2）现代式景墙

现代式景墙具有丰富的几何体形，或简洁、或复杂，风格互相融合渗透，并在材料、工艺、技术等方面呈现多元化的特点。

（3）混合式景墙

混合式景墙为现代和古典形式的综合应用。兼具两种形式的特点，在现代景观中也比较常见。

5.3.3　按材质分类

按材质可以把景墙分为硬质型、柔质型、混合型 3 种类型。

① 硬质型景墙：指的是运用坚硬的材料，如石材、金属、玻璃等材质所塑造的景观性墙体。

② 柔质型景墙：指的是运用柔软的材料，如植物、木材、水体等所营造的墙体，如生态植物幕墙、水幕墙等。

③ 混合型景墙：指使用一定的设计手法将硬质与柔质的材料结合起来营造具有景观性的墙体。

5.3.4　按地域类型分类

按地域类型可以把景墙分为陆地式景墙和水景式景墙。

① 陆地式景墙：指的是运用一种或多种材质，在满足墙体基本功能的基础上具有景观装饰作用的墙体，多应用于城市绿地系统，营造开敞或私密的空间。

② 水景式景墙：指的是将人工水景或自然水景与墙体自然流畅巧妙结合而形成的水幕墙，多应用于居住区公共空间景观、商业空间景观以及各类公园广场中。

5.3.5　按景墙的形式分类

按形式可以将景墙分为独立景墙、连续景墙、生态景墙等。

① 独立景墙：是指以一面墙独立安放在景区中，成为视觉焦点。

② 连续景墙：是指以一面墙为基本元素组合变化，从而形成一定的序列感、连续感。

③ 生态景墙：是指将植物进行合理种植，利用植物的降尘、降噪、杀菌、降温等功能，形成既有生态效益，又具有一定观赏价值的绿色景墙。

5.3.6　按景墙造型分类

景墙的造型多种多样，常见的有规则式的矩形景墙，以及不规则式的曲面型、折型和倾斜型景墙。矩形具有稳固、和谐、简洁明快、易于把握的特点，因此大多数景墙为矩形。矩形多为横向展开，很少采用竖向发展，因为竖向不适合人的观赏角度，易产生压抑感，且体量受到限制（图5-3-2）。曲面型景墙多采用弧形以满足围合空间的需要，造型柔和、活泼，适合自然的场所。折形使景墙观赏的角度多变。倾斜型是较低矮的景墙通过向后倾斜的方式形成适合人观赏的角度（图5-3-3）。

图5-3-2　规则式景墙

图 5-3-3　不规则式景墙

5.4　景墙设计要点

5.4.1　设计原则

① 整体原则：景墙设计必须注意与周边环境的统一，许多景墙的设计就直接来源于环境所激发的联想。

② 个性原则：个性是任何艺术作品的生命，景墙必须通过审慎的设计赋予其独特的品质。

③ 文化原则：景墙应具有丰富的文化内涵，塑造高品质的文化特色。

5.4.2　设计手法

① 镂空：镂空可以避免墙体造成的封闭、紧迫感，使视线通透并保持空间的连续。

② 透空：通过各种形式的透空可以形成框景，有助于增加景观的层次和景深，尤其在景墙后有优质景观或者搭配竹子、芭蕉等植物时，透空的效果更好。

③ 组合：景墙的组合方式多种多样，可以高低错落、调整朝向。

④ 科技：现代景墙的设计更多地使用科技手段，常见的如喷泉涌泉、水池搭配，加上强烈的灯光效果甚至优美动听的音乐，使景墙更具观赏性。

5.4.3　景墙材料

制作景墙的材料种类丰富，许多材料经过细心设计都可以用来制作景墙。材料多使用自然石、玻璃、木材、砖、混凝土、植物、大理石等。但它们在景观效果、耐久性、坚固性和成本上有所差异（表5-4-1）。景墙很少使用一种材料建造，通常是使用多种材料有机组合。

表 5-4-1   不同景墙材料的比较

材料	景观效果	耐久性	坚固性	成本
自然石	++	++	++	++
木	++	+	+	++
土	+	+	+	+
玻璃	++	++	+	++
砖	+	+	+	+
混凝土	+	++	++	+
植物	++	+	+	+
大理石	++	++	++	++

注：+代表一般，++代表较强、较高或者较久。

5.4.4 景墙色彩

景墙的色彩搭配应遵循以下原则。

① 和整体环境色调统一，景观设计要素必须从整体出发，并根据环境的氛围选择合适的色彩。

② 景墙本身色系应协调统一，合理搭配。

③ 近观时能够引起丰富的视觉变化（图5-4-1）。

图 5-4-1   色彩丰富的景墙

5.4.5 比例与尺度

在景墙的设计应用中，比例的控制也十分重要。这主要表现在两个方面：一方面是景墙与空间景观环境的比例关系；另一方面是景墙各组成部分整体与局部的比例，或局部与局部之间的比例。比例主要表现各部分数量关系之比，是相对的，不涉及具体尺寸。和比例相关的另一个范畴是尺度，尺度研究的是建筑物的整体和局部给人感觉的大小印象和其真实大小之间的关系，尺度要涉及真实的大小和尺寸。在设计当中，比例不只是视觉审美的唯一标准，它还要受功能要求、工程技术、材料等多种因素的制约。

5.5 景墙施工图绘制与实例

5.5.1 施工图绘制要点

景墙的施工图一般包括：基础平面图、顶平面图、立面图、剖（断）面图、节点详图、配筋图等。平面图表示景墙平面位置关系、各部分的平面形状及尺寸等；立面图表现景墙的各部分墙体高度及立面造型；剖（断）面图表示景墙内部构造做法、断面形状、施工材料等；节点详图是将景墙局部要体现清楚的细节用较大比例绘制出来，表达出构造做法、尺寸、构配件之间的相互关系等。

5.5.2 施工图绘制步骤

5.5.2.1 平面图

（1）基础平面图

景墙基础埋在地面以下，承受地上部分的荷载。基础平面图是用一个假想水平面沿地面将景墙剖开后，移开上层部分和泥土（基坑没有填土之前）所做出的基础水平投影（图 5-5-1）。绘制景墙基础平面图的步骤如下。

① 绘制景墙墙体外轮廓，并详细标明结构及使用材料，填充内部结构层。

② 标注基础的尺寸、索引符号和相关注释文字，如果需要表达断面图，还需在基础平面图中标注出断面图符号。

③ 写上图名及比例。

（2）顶平面图

顶平面图主要表示景墙的顶部结构、材质和尺寸，绘制方法同基础平面图，完成图形绘制后再标注平面尺寸、标高、材料、剖切符号等。也可绘制出景墙的周围环境及景观元素，最后绘制图名比例信息，如图 5-5-2 所示。

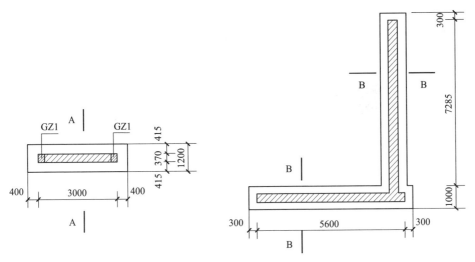

图 5-5-1　景墙基础平面图

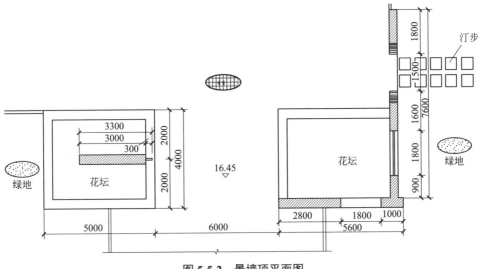

图 5-5-2　景墙顶平面图

5.5.2.2　立面图

景墙的立面图主要反映其地上部分的外形设计、组成部分及标高。景墙的正立面图绘制比例一般与平面图比例一致，绘制时可根据平面图进行立面图的绘制。

景墙地上部分一般由墙身和压顶两部分组成，传统景墙的墙体厚度一般都在330mm以上，且因景墙较长，墙基需要稍加宽厚。然后可直接在基础之上绘制墙身，也可绘制一段高800mm的墙裙。再绘制门、窗洞等结构；在整体结构确定的基础上，绘制构造柱、座椅等细部结构，根据规范调整建筑线型；最后对于材料名称、细部尺寸和详图索引等进行标注（图 5-5-3、图 5-5-4）。

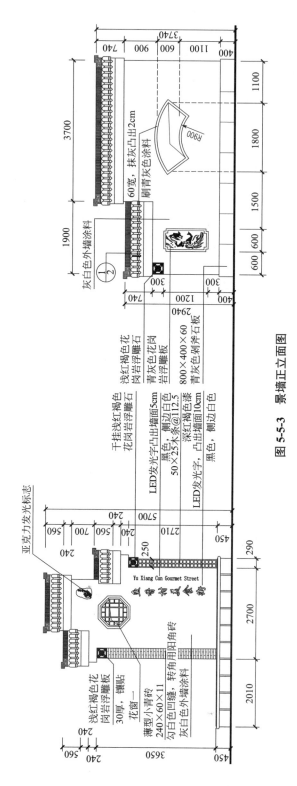

图 5-5-3 景墙正立面图

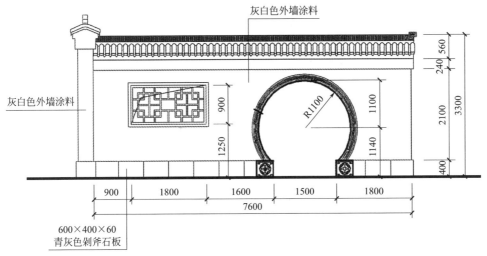

灰白色外墙涂料

灰白色外墙涂料

560
240
3300
2100
400

900
1250
R1100
1100
1140

900   1800   1600   1500   1800
7600

600×400×60
青灰色剁斧石板

图 5-5-4　景墙侧立面图

5.5.2.3　断（剖）面图

剖（断）面图是表示景墙地上与地下部分施工结构的图纸，尤其是需要着重表示地下基础部分。在绘制剖面图时可先绘景墙基础，材料可为条石、毛石、砖砌筑或钢筋混凝土。剖面图与总平面图、立面图相配合，可以完整表达廊架的施工工艺及结构的主要内容（图 5-5-5）。

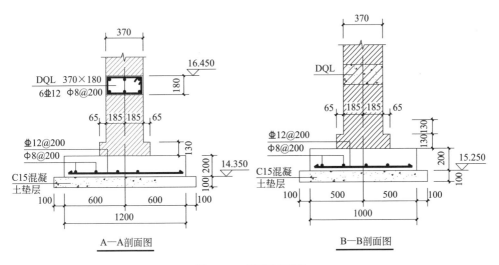

370
16.450
DQL　370×180
6Φ12　Φ8@200
180
65 185 185 65
Φ12@200
Φ8@200
130
14.350
100 200
C15混凝
土垫层
100   600   600   100
1200
A—A剖面图

370
DQL
65 185 185 65
Φ12@200
Φ8@200
130 130
15.250
200
100
C15混凝
土垫层
100   500   500   100
1000
B—B剖面图

图 5-5-5　景墙剖面图

5.5.2.4 结构图和配筋图

（1）结构图

景墙施工图还需要详细绘制其他细部结构图，如立柱结构图、小品结构图等，如图 5-5-6 所示。

（2）配筋图

指表明钢筋混凝土构件各类钢筋数量、规格及其分布的图纸。绘制时注意要标注出钢筋详图，详细表示单根钢筋的形状及尺寸，如图 5-5-7 所示。

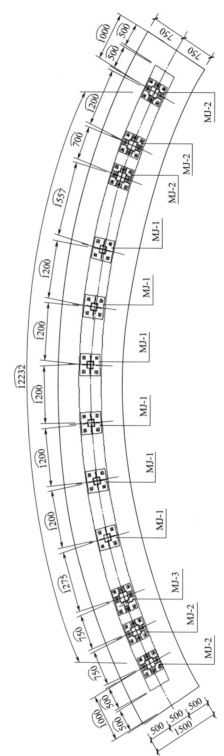

图 5-5-6 景墙结构图

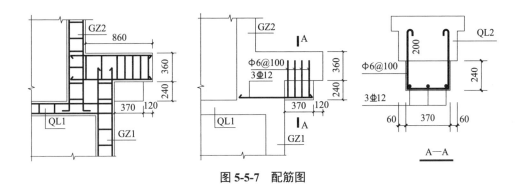

图 5-5-7 配筋图

5.5.2.5 大样图

大样图是建筑物平面图、立面图中按比例要求不能详细体现的细部构造或其他面，必须在图纸的其他地方按照放大比例绘制的细部构造图，以便完整地表达设计意图，便于理解和交流。

① 大样图包括构件的剖面大样图、立面大样图等。比如，景墙中的台阶细部构造、花窗细部构造、挑檐装饰造型等（图 5-5-8）。

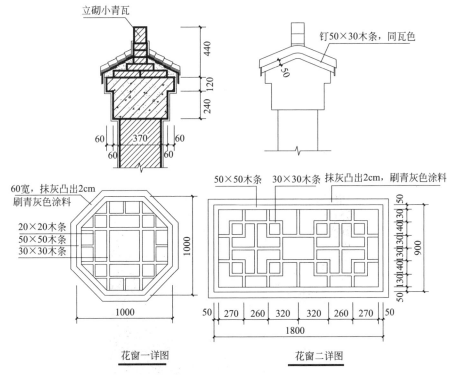

图 5-5-8 墙檐、花窗大样图

② 建筑施工详图要表达的细部构造有多种，比如阳台、檐口等室外构件。不仅要表达细部尺寸，还要表达细部材料层次，建筑抹灰层、防水层、保温层、保护层等的先后施工顺序、材料规格尺寸、材料种类、外部涂料遍数、颜色等（图5-5-9）。

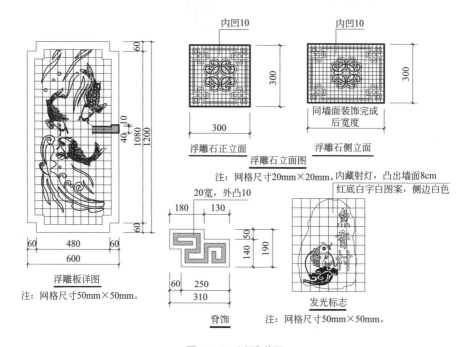

图 5-5-9　浮雕详图

5.5.3　部分施工图实例

（1）实例一：居住区景墙

某居住区景墙实景图如图5-5-10所示，全套施工图如图5-5-11所示。

图 5-5-10　居住区景墙实景图

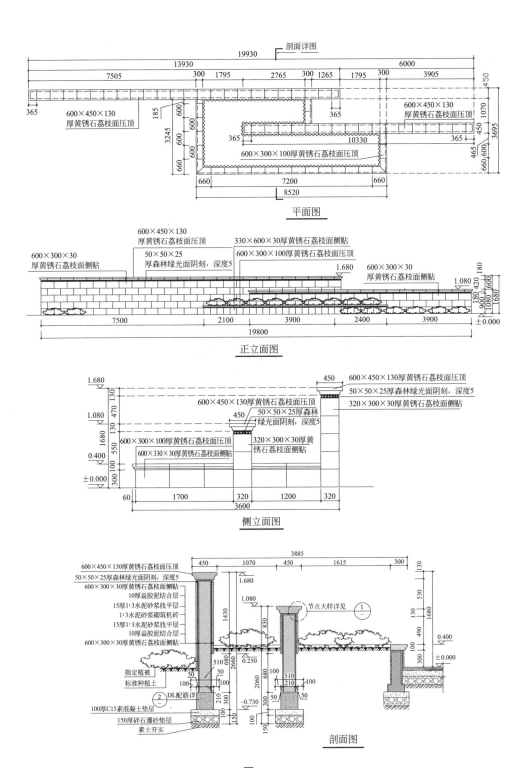

图 5-5-11

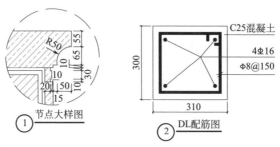

① 节点大样图　　② DL配筋图

图 5-5-11　居住区景墙全套施工图

（2）实例二：居住区入口景墙

某居住区入口景墙实景图如图 5-5-12 所示，其全套施工图如图 5-5-13 所示。

图 5-5-12　居住区入口景墙实景图

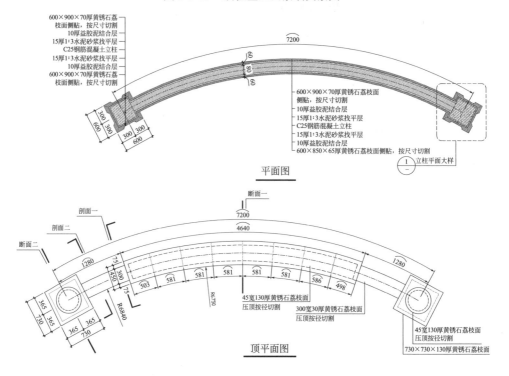

平面图

顶平面图

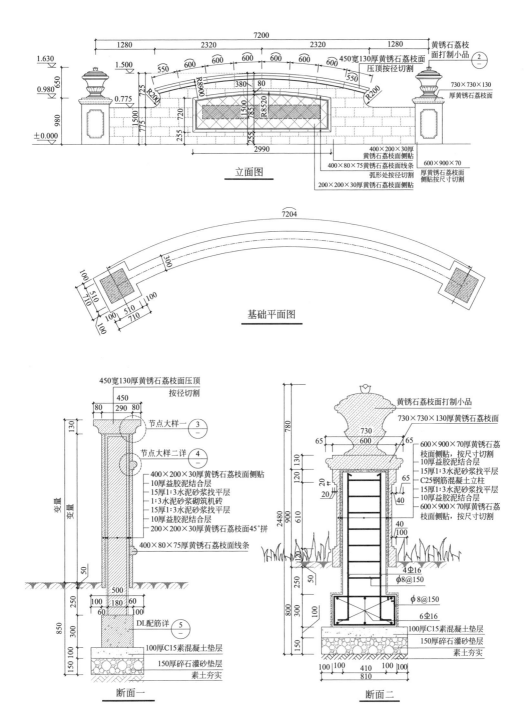

图 5-5-13

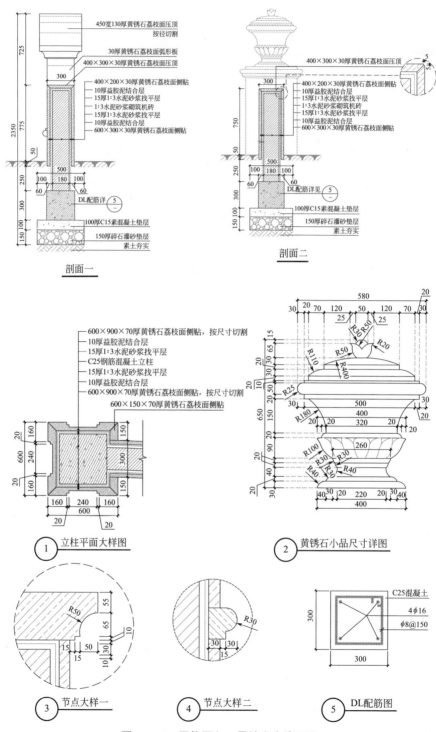

450宽130厚黄锈石荔枝面压顶
按径切割

30厚黄锈石荔枝面弧形板
400×300×30厚黄锈石荔枝面压顶

400×200×30厚黄锈石荔枝面侧贴
10厚益胶泥结合层
15厚1:3水泥砂浆找平层
1:3水泥砂浆砌筑机砖
15厚1:3水泥砂浆找平层
10厚益胶泥结合层
600×300×30厚黄锈石荔枝面侧贴

DL配筋详 ⑤

100厚C15素混凝土垫层
150厚碎石灌砂垫层
素土夯实

剖面一

400×300×30厚黄锈石荔枝面压顶

400×200×30厚黄锈石荔枝面侧贴
10厚益胶泥结合层
15厚1:3水泥砂浆找平层
1:3水泥砂浆砌筑机砖
15厚1:3水泥砂浆找平层
10厚益胶泥结合层
600×300×30厚黄锈石荔枝面侧贴

DL配筋详见 ⑤

100厚C15素混凝土垫层
150厚碎石灌砂垫层
素土夯实

剖面二

600×900×70厚黄锈石荔枝面侧贴，按尺寸切割
10厚益胶泥结合层
15厚1:3水泥砂浆找平层
C25钢筋混凝土立柱
15厚1:3水泥砂浆找平层
10厚益胶泥结合层
600×900×70厚黄锈石荔枝面侧贴，按尺寸切割
600×150×70厚黄锈石荔枝面侧贴

① 立柱平面大样图

② 黄锈石小品尺寸详图

③ 节点大样一

④ 节点大样二

⑤ DL配筋图

C25混凝土
4φ16
φ8@150

图5-5-13 居住区入口景墙全套施工图

（3）实例三：乡村砖砌景墙

某乡村砖砌景墙效果图如图 5-5-14 所示，其全套施工图如图 5-5-15 所示。

图 5-5-14　乡村砖砌景墙效果图

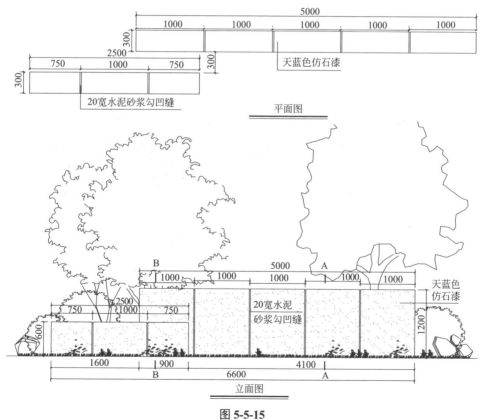

图 5-5-15

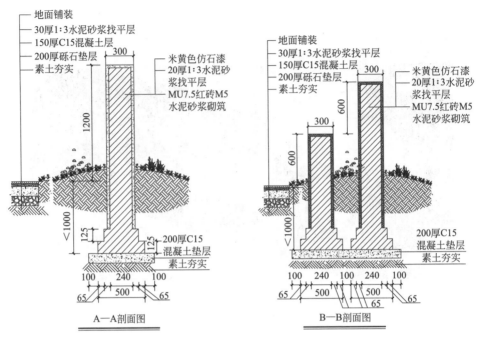

图 5-5-15 乡村砖砌景墙全套施工图

A—A剖面图

B—B剖面图

左图标注：
地面铺装
30厚1:3水泥砂浆找平层
150厚C15混凝土层
200厚砾石垫层
素土夯实
300
1200
米黄色仿石漆
20厚1:3水泥砂浆找平层
MU7.5红砖M5水泥砂浆砌筑
<1000
125
200厚C15混凝土垫层
素土夯实
100 240 100
500
65

右图标注：
地面铺装
30厚1:3水泥砂浆找平层
150厚C15混凝土层
200厚砾石垫层
素土夯实
300
600
米黄色仿石漆
20厚1:3水泥砂浆找平层
MU7.5红砖M5水泥砂浆砌筑
300
600
<1000
200厚C15混凝土垫层
素土夯实
65 500 100 240 100 500 65
65

（4）实例四：城市广场入口景墙

某城市广场入口景墙鸟瞰图如图 5-5-16 所示，其部分施工图如图 5-5-17 所示。

图 5-5-16 城市广场入口景墙鸟瞰图

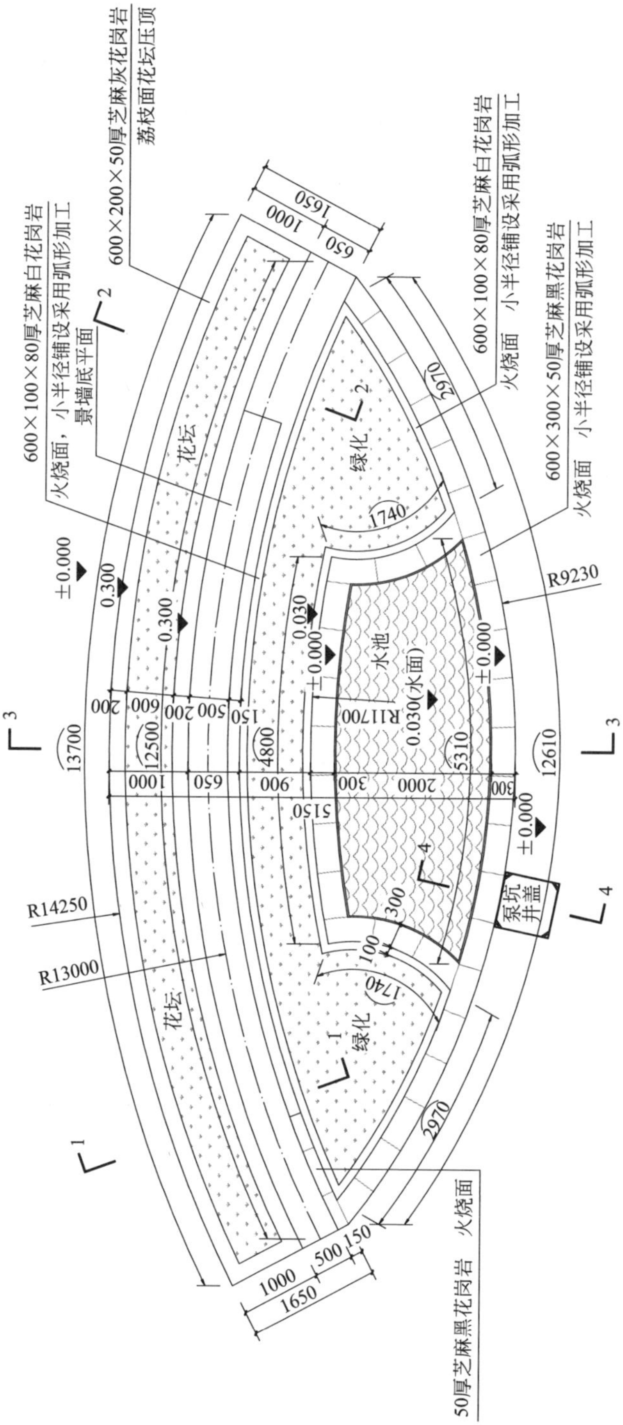
600×200×50厚芝麻灰花岗岩
荔枝面花坛压顶
600×100×80厚芝麻白花岗岩
火烧面，小半径铺设采用弧形加工
景墙底平面
600×100×80厚芝麻白花岗岩
火烧面 小半径铺设采用弧形加工
600×300×50厚芝麻黑花岗岩
火烧面 小半径铺设采用弧形加工
50厚芝麻黑花岗岩 火烧面
花坛
绿化
水池
0.030(水面)
泵坑井盖
R9230
R14250
R13000
R11700
±0.000
0.300
0.030
13700
12500
12610
4800
5150
5310
2970
1740
1650
1000
650
500
150

注：此图中标高均采用相对标高

入口水景墙平面图

图 5-5-17

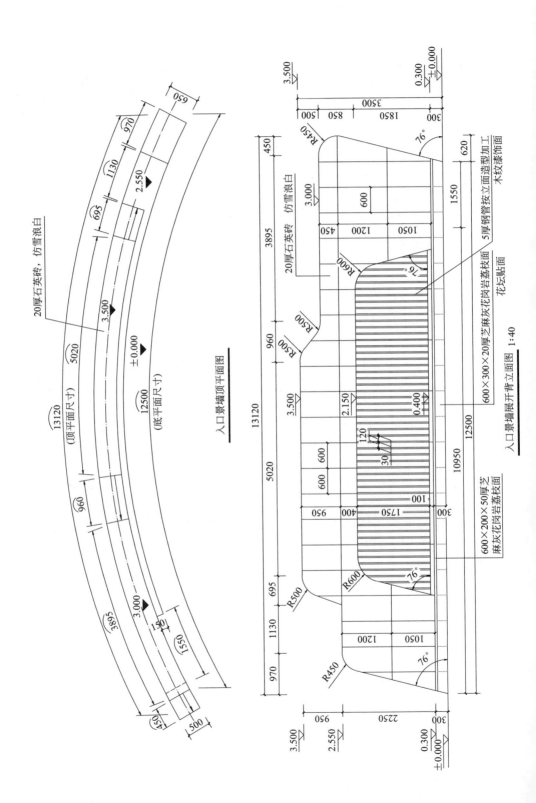

入口景墙顶平面图

入口景墙展开背立面图 1:40

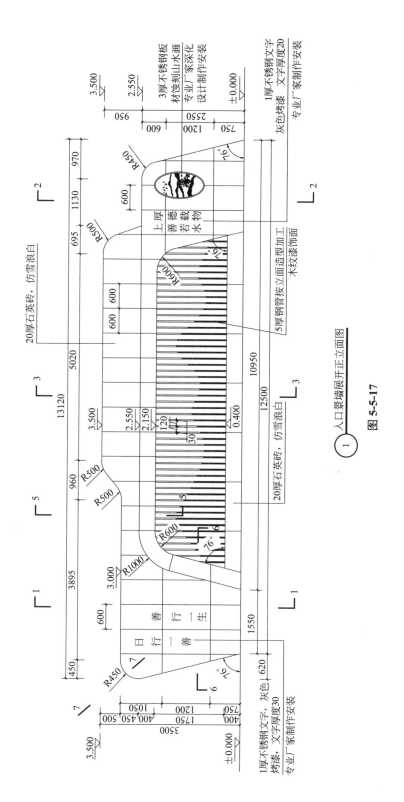

入口景墙展开正立面图

图5-5-17

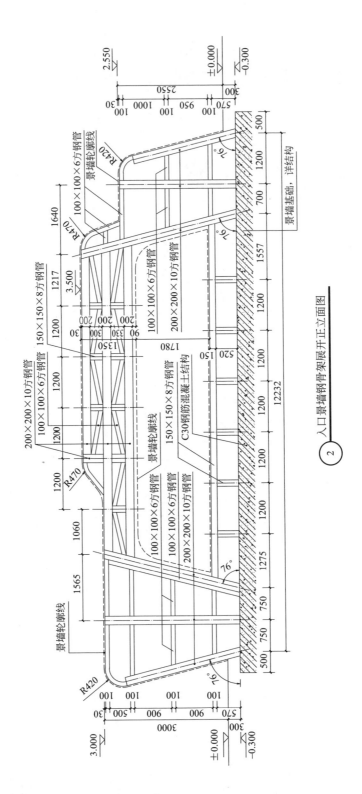

入口景墙钢骨架展开正立面图

②

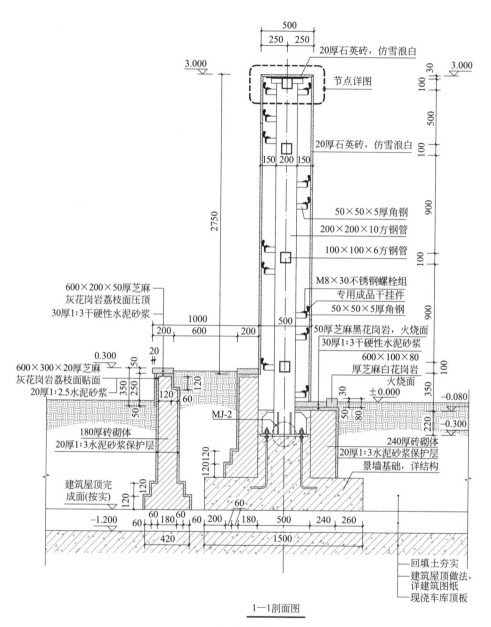

图中文字标注：

500
250 | 250

3.000

20厚石英砖，仿雪浪白
节点详图

3.000
30
100
500
100

20厚石英砖，仿雪浪白
150 | 200 | 150

900
100

50×50×5厚角钢
200×200×10方钢管
100×100×6方钢管

2750

M8×30不锈钢螺栓组
专用成品干挂件
50×50×5厚角钢

900

600×200×50厚芝麻
灰花岗岩荔枝面压顶
30厚1:3干硬性水泥砂浆

1000
200 | 600 | 200

500

50厚芝麻黑花岗岩，火烧面
30厚1:3干硬性水泥砂浆
600×100×80
厚芝麻白花岗岩
火烧面

100

0.300
20
50
600×300×20厚芝麻
灰花岗岩荔枝贴面
20厚1:2.5水泥砂浆

350
250
50
120
120
60

±0.000
30
50
80

-0.080

350
220
-0.300

MJ-2

180厚砖砌体
20厚1:3水泥砂浆保护层

240厚砖砌体
20厚1:3水泥砂浆保护层
景墙基础，详结构

120 120

建筑屋顶完
成面(按实)

120
120

60

-1.200
60
60 | 180 | 60
60 | 200 | 180
500 | 240 | 260
420
1500

回填土夯实
建筑屋顶做法，
详建筑图纸
现浇车库顶板

1—1剖面图

图5-5-17

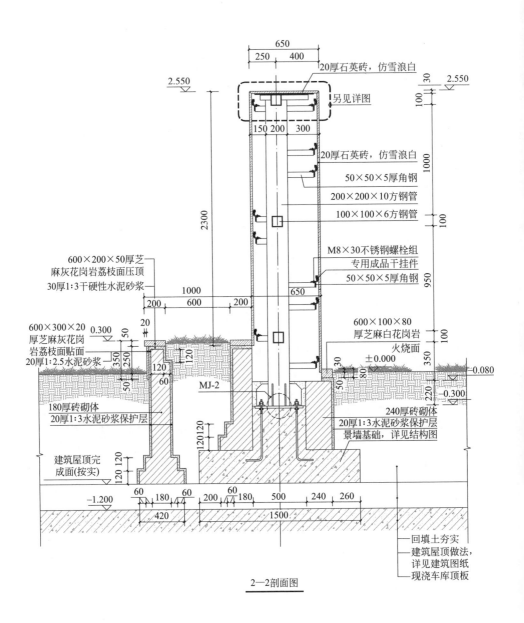

650
250 400

20厚石英砖，仿雪浪白

另见详图

150 200 300

2.550

20厚石英砖，仿雪浪白
50×50×5厚角钢
200×200×10方钢管
100×100×6方钢管

2300

M8×30不锈钢螺栓组
专用成品干挂件
50×50×5厚角钢

600×200×50厚芝
麻灰花岗岩荔枝面顶
30厚1:3干硬性水泥砂浆

1000
200 600 200

650

600×100×80
厚芝麻白花岗岩
火烧面
±0.000

600×300×20
厚芝麻灰花岗
岩荔枝面贴面
20厚1:2.5水泥砂浆

0.300

-0.080

180厚砖砌体
20厚1:3水泥砂浆保护层

MJ-2

240厚砖砌体
20厚1:3水泥砂浆保护层
景墙基础，详见结构图

建筑屋顶完
成面(按实)

-1.200

60 180 60
420

60
200 180
1500

500

240 260

回填土夯实
建筑屋顶做法，
详见建筑图纸
现浇车库顶板

2—2剖面图

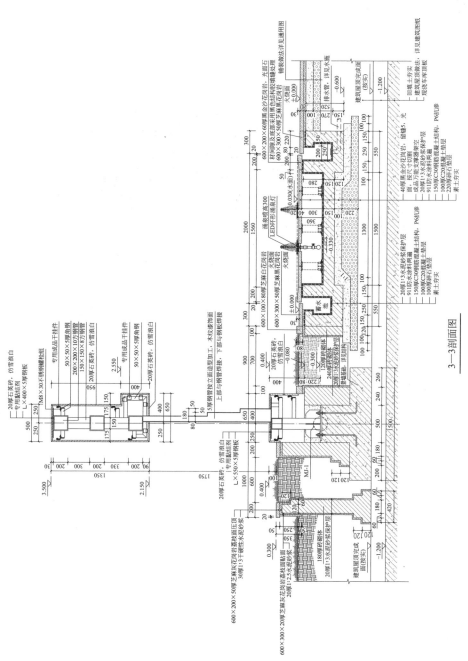

图 5-5-17　入口景墙部分施工图

3—3 剖面图

5.6　砖砌体结构景墙施工

某乡村振兴项目，为了更好地体现村庄精神风貌，展现村庄特色，在村庄入口处设置了一道景墙。该景墙（图 5-6-1）主要采用传统与现代风格相结合的形式，充分表达了村庄的历史及文化底蕴。

图 5-6-1　某砖砌体结构景墙效果图

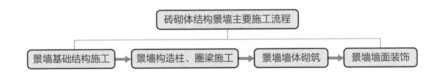

5.6.1　景墙基础结构施工

景墙基础结构施工的一般流程为：定点放线→基础开挖→混凝土垫层浇筑→二次放线→基础承台、立柱主筋、拉结梁钢筋绑扎→承台、拉结梁模板安装→地梁混凝土浇筑→拆除模板。

（1）定点放线

施工前，根据施工图纸坐标网格平面图中景墙所在位置的角点坐标（3131185.108，39445080.379），在 CAD 图纸上将景墙其他角点的坐标标注出来（图 5-6-2），便于后期施工放线。定位放线时，将设置好的坐标点输入全站仪中，在施工现场测设预设好的坐标。测设好坐标点的位置施打木桩进行定位，同时用白灰将坐标点进行连线，形成景墙的平面图（图 5-6-3）。

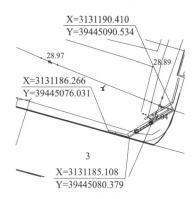

图 5-6-2　景墙角点坐标

图 5-6-3　景墙定位线

（2）基础开挖

放线完成后，安排机械进场进行基础开挖。基础开挖以机械为主，人工为辅（图 5-6-4）。开挖按照基础宽度和深度进行，基础位置开挖至离设计深度 100mm 左右时，改用人工开挖至设计标高，并将基础面按要求平整夯实。过程中，施工人员应随挖随测，防止出现超挖或欠挖的现象。挖出来的土方应符合土方堆放规范要求，一般为 1.0m 内不得堆放弃土，在此距离外堆土高度不得超过 1.5m。基础开挖完成后，应用全站仪再次测定景墙的角点坐标并用钢筋施打定位，以方便下一道工序施工。

注意事项：开挖过程中应勤测量基础的标高及尺寸，防止出现超挖或欠挖。

（3）混凝土垫层浇筑

基础面开挖完成后，根据基础结构图纸要求，采用 C20 混凝土将挖出来的基础面满铺浇筑（图 5-6-5）。浇筑混凝土后，人工耙平，并用平板振动器振捣密实，然后人工使用木抹子将基础面抹平，同时用水准仪测量垫层混凝土的完成面标高，确保基础面的标高符合设计要求。待混凝土凝固后洒水养护，时间不少于 7 天。

（4）二次放线

混凝土达到强度后进行二次放线，用全站仪复核之前测设的钢筋桩点。若桩点无误，则可直接用墨斗连接两坐标点弹设墨线作为基准线（图 5-6-6）；若桩点有误，则重新测设坐标点并弹线。弹出基准线后，根据基准线找出承台基础、立柱及拉结梁的边线，并用墨斗弹设边线，作为后期钢筋绑扎、模板安装的参照。

（5）基础承台、立柱主筋、拉结梁钢筋绑扎

基础边线弹出来后，安排加工好的基础钢筋进场。钢筋进场后，按照设计图纸

的要求，先将承台的钢筋摆放在弹好墨线的位置并绑扎牢固（图5-6-7）。

图 5-6-4　人工配合机械开挖基础

图 5-6-5　浇筑基础混凝土垫层

图 5-6-6　墨斗二次放线

图 5-6-7　基础承台钢筋绑扎

承台钢筋绑扎牢固后，进行立柱钢筋的绑扎。为了保证立柱的受力需求，立柱主筋加工成 L 型。L 型立柱钢筋在绑扎过程中应位于承台钢筋的下方（图5-6-8），将四根立柱主筋分别放置在弹设好的墨线的四个角的位置，底部用扎丝与承台钢筋绑扎牢固。然后将箍筋放在主筋上，进行箍筋的绑扎（图5-6-9）。绑扎箍筋时，先在主筋上部绑扎一个箍筋，并用钢筋斜向支撑临时固定好立柱主筋，防止主筋出现歪斜不便于施工。然后按照设计要求将箍筋排列好。箍筋排列时要符合规范要求，最后依次完成箍筋的绑扎。

注意事项：在摆放箍筋时，注意箍筋弯钩叠合处宜转圈设置，每个梁柱角部，每4个箍筋只有一个弯钩叠合处，使梁柱沿轴向受剪基本均匀。

图 5-6-8　立柱钢筋绑扎

图 5-6-9　立柱箍筋绑扎及临时固定

箍筋绑扎完成后，为了保证后期施工过程中钢筋不发生歪斜，需要由钢筋工配合木工将立柱钢筋调正固定（图 5-6-10）。调正时，利用吊线锤吊线调正钢筋的垂直度。吊线时至少要从两个不同方向进行，才能确保主筋处于垂直状态。然后用模板将主筋进行定位固定，防止后期浇筑混凝土导致钢筋出现歪斜。

（6）承台、拉结梁模板安装

立柱主筋定位好后，安排木工根据地梁、承台的尺寸加工模板，并进行拼装（图 5-6-11）。模板采用 12mm 厚木模板，40mm×70mm 木枋作背楞。拼接模板时，接缝位置留在木枋中间，端头再根据需要加工拼接。安装时，在垫层弹设的墨斗外边线钉压脚模板条以固定承台、地梁侧模底部。定位好后安装侧模，然后在模板间使用木枋进行加固，防止浇筑混凝土时出现爆模的情况。安装模板过程中，随时用吊线锤复核控制侧模的垂直度。

（7）地梁混凝土浇筑

模板安装完毕及支撑加固牢靠后，对断面尺寸、标高、模板拼缝、连杆支撑等进行自检，均符合图纸和质量标准要求后，报监理工程师验收，经验收合格同意后才能进行混凝土浇筑施工。

浇筑混凝土时，应先对模板及地面进行浇水湿润处理。浇筑混凝土的顺序是先承台、后地梁，从一端开始向另一段浇筑。然后将混凝土倾倒入模板内，倾倒混凝土布料离模板内侧面不小于 50mm，不得向模板内侧面直冲，也不得直冲钢筋骨架。

混凝土摊平到位后,使用插入式振动棒振捣混凝土。确定振捣密实后,安排泥工使用木抹子将混凝土表面抹平搓毛两遍,防止产生收缩裂缝。混凝土凝结硬化后开始洒水养护,养护不少于7天。

图 5-6-10　立柱钢筋调正固定

图 5-6-11　基础承台、地梁模板安装

注意事项:浇筑混凝土时,由木工看守,注意模板、钢筋有无位移变化,当有变化和位移时应停止浇筑,立即调整完好再浇筑。

（8）拆除模板

侧面模板拆除应在混凝土强度能保证表面及棱角不因拆除模板而受损坏时进行（一般 2 ~ 3 天,可根据天气情况决定拆模时间）。拆除模板后,及时清理出基坑并分类整理好,方便下一道工序施工。

5.6.2　景墙构造柱、圈梁施工

景墙构造柱、圈梁施工的一般流程为:定位放线→构造柱钢筋绑扎→构造柱、圈梁模板安装→圈梁钢筋绑扎→构造柱、圈梁混凝土浇筑→拆除模板。

（1）定位放线

基础承台、地梁模板拆除完成后,用全站仪复核构造柱的坐标,确认无误后,在承台上用墨斗弹出构造柱的边线,以便后期安装模板。

（2）构造柱钢筋绑扎

根据构造柱的高度，将剩余的箍筋依次绑扎到位，具体要求同基础的主筋绑扎要求。

（3）构造柱、圈梁模板安装

构造柱钢筋绑扎完成后，进行模板的安装。安装模板时先安装柱模，后安装圈梁模板。构造柱模板安装基本同基础模板安装，只是在上口位置需要预留出与圈梁衔接的接口。柱模安装时需要用对拉螺栓及钢管、木枋等对柱模进行加固处理（图5-6-12）。

为方便后期施工，圈梁模板搭设钢管架支撑，下面垫设方木，同时调整钢管高度使之符合模板安装高度。钢管架设好后，将加工好的模板依次完成底模、侧模的安装施工。

注意事项：圈梁模板安装完成后，模板的加固工作要在圈梁钢筋绑扎完成之后进行，侧模可以用镰刀卡支牢，侧面使用钢管或木杆做斜支撑。

（4）圈梁钢筋绑扎

圈梁钢筋绑扎同基础拉结梁钢筋绑扎。

（5）构造柱、圈梁混凝土浇筑

混凝土浇筑时，应先浇筑构造柱混凝土，再浇筑圈梁混凝土，其余要求同基础混凝土浇筑（图5-6-13）。

图5-6-12 构造柱模板支模

图5-6-13 构造柱混凝土浇筑

（6）拆除模板

混凝土强度达到要求后方可拆除模板。圈梁底模拆除时，混凝土强度至少要达到设计的混凝土立方体抗压强度标准值的75%，一般为混凝土浇筑后7天。模板拆除完毕后，将模板清出基坑，放置在规定位置并分类整理摆放整齐。

5.6.3 景墙墙体砌筑

砌筑前，需要对砌筑墙体使用的砖进行挑选，选择棱角整齐，无弯曲、裂纹，颜色均匀，表面清洁，规格基本一致的砖。然后先将景墙的边角盘好（图5-6-14），并进行吊、靠等保证景墙尺寸、标高没有偏差，确认平整度和垂直度完全符合要求后挂线砌墙。砌筑时须双面挂线并拉紧，砌筑每层砖时对线看齐，使水平缝均匀一致，平直通顺。

砌砖时采用一铲灰、一块砖、一挤揉的"三一"砌砖法，即满铺、满挤操作法。若采用铺浆法砌筑，铺浆长度不得超过750mm，施工时气温超过30℃，则铺浆长度不得超过500mm，砌砖时砖要放平。砌砖一定要跟线，"上跟线，下跟棱，左右相邻要对平"（图5-6-15）。水平灰缝厚度和竖向灰缝宽度一般为10mm，但不应小于8mm，也不应大于12mm。当砌完一步架高时，宜每隔2m水平间距，在丁砖立楞位置弹两道垂直立线，可以分段控制游丁走缝。在操作过程中，要认真进行自检，如出现偏差，应随时纠正，避免事后砸墙。砌筑砂浆应随搅拌随使用，一般水泥砂浆必须在3h内用完，水泥混合砂浆必须在4h内用完，不得使用过夜砂浆。砌清水墙应随砌、随划缝，划缝深度为8~10mm，深浅一致，墙面清扫干净。

图 5-6-14　基础砌筑

图 5-6-15　景墙墙体砌筑

图 5-6-16　墙面粉刷

墙体砌筑完成后，按照设计要求对景墙及立柱进行粉刷。粉刷之前，要先对墙面的基层做处理。把墙面的灰渣、石块等杂物清理掉。如果存在油渍的话，还需要用清洁剂清洗干净，否则会影响粉刷的附着力。如果墙面有裂缝或者凹陷，要先修补好。保证墙面平整、干燥，没有油污、土块等，保持干净整洁（图5-6-16）。

5.6.4 景墙墙面装饰

根据图纸可知,景墙的墙面装饰是瓷砖贴面。施工前,利用水准仪测设标高,确定同一水平。然后根据标高在景墙四周用墨斗弹出标高控制线,竖直方向根据水平线弹出分隔尺寸。

铺贴前,根据图纸设计要求、瓷砖厚度及测设的水平线,定出铺贴面的厚度。用水泥钉进行定位并挂线确定水平线,同时为了保证墙面平整还需要挂设一条垂直线。铺贴时,在瓷砖背面涂刷纯水泥浆,厚度控制在10mm左右,根据挂线位置进行瓷砖的铺贴。铺贴好后用橡胶锤轻轻敲击瓷砖面,使砖面边线跟水平线、垂直线位置重合,同时密实平整达到要求。然后依次完成所有瓷砖的铺贴。

铺贴完毕后,对瓷砖进行勾缝处理。勾缝前应先将瓷砖缝隙内的杂物清理干净,先用水冲洗砖面,待表面干燥后,用调配好的水泥浆大面积涂抹砖面进行勾缝处理。待水泥浆稍凝固后,用勾缝工具进行勾缝压实,将多余水泥浆清除。最后用小水流冲洗并用海绵将砖面擦拭干净。

5.7 钢筋混凝土结构景墙施工

某小区内会所中心前为分隔场地空间以及营造景观需要,拟在其大门正前方建造一个与水景相结合的景墙(图 5-7-1)。根据水景与景墙的构造设计要求,正确进行钢筋混凝土景墙施工。

图 5-7-1 某钢筋混凝土结构景墙实景

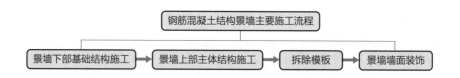

此景墙采取跌水水景与景墙相结合的形式，所以在施工过程中两者是有一定联系的。该景墙的施工分为两部分，一部分是把景墙的下部同水池作为一体完成下部基础施工，需要将水池主体与景墙同步完成；另一部分则是单独完成景墙在水池结构以上部分的施工。

5.7.1 景墙下部基础结构施工

景墙下部基础结构的施工流程为：定点放线→基础开挖→碎石垫层→混凝土垫层。

（1）定点放线

根据图纸中的尺寸及在总平面图中的具体位置进行放线。本方案的景墙平面是一个长方形，放线操作比较简单，只需在施工现场把景墙及水池的四个角放出来即可，然后用白灰线放出整个长方形的外形轮廓（图5-7-2）。

（2）基础开挖

该景墙建在小区的地下室顶板上，根据景墙的基础剖面图（图5-7-3）得知，水池基础下顶板填土厚度只有300mm左右，而景墙基础直接在地下室顶板上施工。所以在现场开挖时根据白灰线的位置将水池及景墙的基础位置进行开挖。开挖至设计标高后，用挖机将基础填土位置往返碾压（图5-7-4），保证土方密实度达到设计要求。

注意事项：基础面在开挖之后还要碾压，所以基础开挖面的标高应比原设计标高的开挖面高100~150mm，然后再进行碾压。碾压之后再次测设标高，若比设计标高稍高，再采用人工将土方刨除，尽量减少对下部土方的扰动。

（3）碎石垫层

基础面开挖并夯实后，接下来要做的是碎石垫层。先根据图纸中的平面尺寸（实际尺寸以结构图中计算尺寸为准）及结构层中碎石的厚度计算出所需要碎石的体积。施工过程中，现场的施工道路未完成修筑，现场拖运材料比较麻烦，大都采用挖机转运。所以在碎石料运至现场后，安排挖机将基础垫层所需要的碎石运至场地内，并撒布在基础土面上。碎石大小颗粒应分布均匀，虚铺厚度一致，按虚铺厚度一次铺平，不得多次找补。运料及摊铺应先远后近循序进行，所需材料按预先计算量分段分堆放置（图5-7-5）。然后由人工配合机械将场地内的碎石摊铺平整（图5-7-6）。

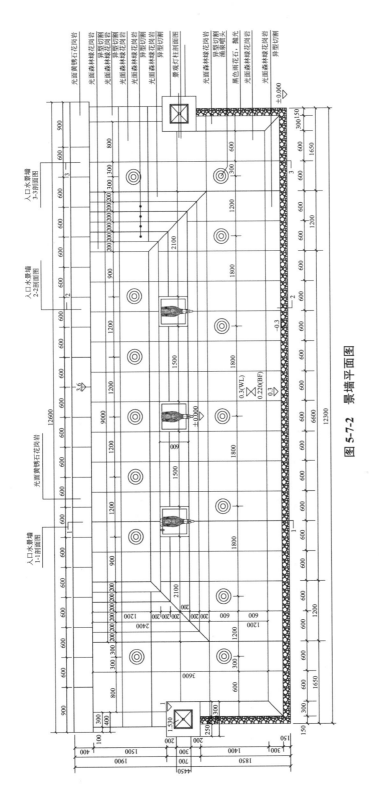

图 5-7-2 景墙平面图

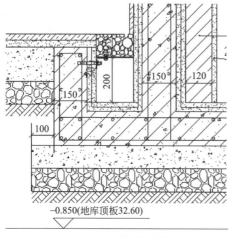

图 5-7-3　基础剖面图

图 5-7-4　挖机开挖基础及碾压土方

摊铺过程中，碎石应级配分布均匀一致，无明显颗粒分离现象，严禁使用四齿耙拉平料堆，造成粗细料局部集中。对摊铺时发生的粗细料集中情况应及时处理。摊铺时要严格控制高程和平整度，初压后必须立即检查并找补。

图 5-7-5　机械摊铺粒料

图 5-7-6　人工摊铺粒料

摊铺完成后，还需要由人工使用平板打夯机将碎石垫层夯实到设计要求的压实系数。夯实碎石垫层以"先慢后快"为原则，用打夯机逐次夯实，夯实过程中应有部分重叠，夯实前应泼水，夯实时从边部往中间移动，避免石料向外挤动。在夯实过程中应随时检查，如发现有高低不平现象，高出处应适当均匀撤出粒料，低凹处应适当填加粒料后再进行夯实。夯实完成后，还需要复测标高，保证碎石面标高符合设计规定。

注意事项：① 摊铺前，应计算好碎石的松铺系数，一般为 1.2 ~ 1.3。

② 摊铺时，注意不要有明显的颗粒分离现象。粒料按虚铺厚度一次铺平，不得多次找补。

③ 夯实前应泼水，夯实时从边部往中间移动，避免石料向外挤动。

（4）混凝土垫层

碎石垫层夯实完成后，安排工人将混凝土垫层外围的支护模板安装完成。根据混凝土垫层的厚度计算出垫层的混凝土用量。混凝土搅拌车到达现场后，安排挖机接料然后运至现场，在碎石垫层上摊撒开来，然后由工人用刮板耙或者自制木板托板将混凝土摊平至设计标高（图 5-7-7、图 5-7-8）。

图 5-7-7　机械运送混凝土　　　　　图 5-7-8　人工摊铺混凝土

混凝土全部摊铺到位后，用平板振动器将垫层混凝土进行振捣施工。作业前，应对附着式振动器进行检查和试振。试振不得在干硬土或硬物上进行。平板振动器作业时，应使平板与混凝土保持接触，使振波有效地振实混凝土，待表面出浆，不再下沉后，即可缓慢向前移动。移动速度应能保证混凝土振实出浆。正在作业的振动器不得搁置在已凝或初凝的混凝土上。用绳拉平板振动器时，拉绳应干燥绝缘，移动或转向时，不得脚踢电动机。作业转移时电动机的导线应保持有足够的长度和松度。作业完成后，人工用泥抹子将混凝土表面的浮浆赶出来。待混凝土凝结后，洒水养护时间不少于 7 天。

注意事项：正在作业的振动器不得搁置在已凝或初凝的混凝土上，严禁用电源线拖拉振动器。

5.7.2　景墙上部主体结构施工

该景墙主体结构施工流程为：下部主体钢筋绑扎→模板安装→混凝土浇筑→拆除模板→上部主体钢筋绑扎→模板安装→混凝土浇筑。

（1）下部主体钢筋绑扎

绑扎钢筋前，需要根据图纸中的水池池壁及景墙墙壁混凝土的位置进行放线。利用全站仪、墨斗等工具将水池及景墙的外边线测放出来，并用墨斗弹出边线位置以便后期施工。

本方案中水池及景墙采用的是双层双向的形式布置钢筋，景墙采用的竖向筋 ϕ10mm，横向筋 ϕ8mm，间距 200mm，而水池的钢筋则全部是 ϕ8mm，间距 150mm。

图 5-7-9　钢筋绑扎

在这里主要叙述一下景墙钢筋的绑扎施工。

将加工好的钢筋运至现场，按照设计图纸中钢筋的排布方式，将两端及中间的竖向钢筋摆放就位，立起后用木枋临时固定支牢。然后在下部及齐胸处绑扎两根横筋固定好位置，并在横筋上画好分档位置标志，然后将其余竖筋摆放就位并完成绑扎，最后绑扎其余横筋（图 5-7-9）。

由景墙剖断面图可知，景墙双排钢筋之间应绑拉筋，拉筋直径为 6mm，间距 600mm。为保持两排钢筋的相对距离，还应绑扎定位筋。定位筋采用梯形支撑筋，间距 1000 ~ 1200mm。

注意事项：本方案中的景墙横向钢筋超出 9m，竖向钢筋 4m 多，相对来说比较高，加之与水池连成整体，钢筋没办法一次性绑扎到位，为了方便后期施工，钢筋分为两部分施工，一部分与水池相连，另一部分单独施工。所以在做下部结构的时候所有钢筋均需进行搭接处理。钢筋绑扎搭接长度为 40d，相邻两根钢筋的搭接位置宜错开 500mm 以上，以便于后期钢筋接长绑扎。

（2）模板安装

根据图纸中的尺寸依次将模板裁切加工。本方案中景墙下部混凝土结构与水池是一个整体，所以模板的安装与水池一起完成。为保证水池不出现漏水的情况，固定模板时采用三段式止水螺杆（图 5-7-10）。

三段式止水螺杆分为三部分：中间部分是止水螺栓，根据墙体的厚度定制生产，景墙墙体的厚度是 18cm，所以止水螺栓的长度也就是 18cm。两端外杆通过螺母与中间止水螺栓连接，连接外杆的外端为梯形丝扣，方便螺母拆卸并周转使用。止水螺栓中间的止水片采用气体保护焊，无焊渣、焊缝，防水止水效果好。在拆模施工过程中，两端的外杆可以轻松装卸，省时省力省钱，快捷安全。重要的是模板零损耗，操作方便，节能环保。

安装模板时，一般是先安装外侧模板，并采用方料等材料进行加固固定，再进行内侧模板的安装（图5-7-11）。水池的内侧模板一般采用吊模安装，下部用方料做临时支撑，内外模板采用止水螺杆固定，防止模板内混凝土尺寸不足或过大。安装止水螺杆时分布的间距一般为 400 ~ 500mm。

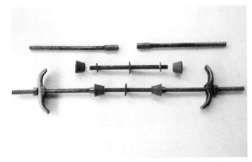
图 5-7-10　止水螺杆

图 5-7-11　模板安装

（3）混凝土浇筑

浇筑混凝土前，由监理工程师及业主代表验收钢筋绑扎和模板安装的情况，确认无误后即可开始浇筑混凝土（图5-7-12）。

由于场地条件限制，本方案在做该部分混凝土时采用的是挖机等机械配合人工的形式作业。这也是水池工程现场浇筑混凝土常用的形式。用挖机的挖斗接搅拌车里面的混凝土，再转运至水池内，然后由人工使用铁锹将混凝土铲至池壁及景墙模板内，再使用插入式振动棒振捣墙壁混凝土。振捣时需注意不能过振也不能漏振，否则很容易造成空鼓或蜂窝麻面（图5-7-13）。在完成混凝土的振捣后，架设仪器复测墙壁顶面、水池池底标高，同时由泥工等工人根据混凝土完成面标高将墙壁表面和水池池底的混凝土抹平。平整过程中若遇混凝土面超高则应在振捣密实后将多余的混凝土铲除，反之则应填补。若需要填补的混凝土量比较大，还应使用振动棒振平。

图 5-7-12　钢筋、模板验收

图 5-7-13　混凝土浇筑

（4）拆除模板

待混凝土凝结后，将下部结构的模板拆除，同时进入混凝土养护期。养护时间不少7天，方可进行下一道工序。拆除模板时，应先将所有固定斜撑拆除，并搬运至指定堆放材料点。然后再拆除止水螺杆外侧的接长螺杆，待所有螺杆拆除完毕后再使用撬棍等工具将内外模板拆除，并搬运至指定地点。

注意事项：拆除完模板后，应立即检查混凝土浇筑情况，若出现空鼓、蜂窝麻面等应立即进行处理。

（5）上部主体钢筋绑扎

混凝土养护期过后，将加工好的钢筋运至现场，由工人进行钢筋绑扎。绑扎过程中要注意钢筋接长位置的搭接距离，其他具体绑扎要求与下部结构主体钢筋的绑扎相同。

（6）模板安装

上部结构的模板安装基本与下部结构相同。只是在固定模板时采用的是普通的 $\phi12mm$ 对拉螺栓（图 5-7-14），而不是止水螺栓。对拉螺栓是全丝口的螺杆，在安装模板时，需在模板上钻孔，将穿墙对拉螺栓安装至墙孔位中，同时须设置 PVC 塑料套管（图 5-7-15）保护螺杆，待拆模时将螺杆抽出可以循环利用。

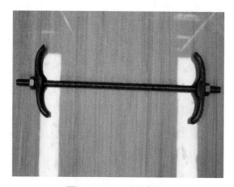

图 5-7-14　对拉螺栓

图 5-7-15　对拉螺栓套管保护

由于景墙高度较高，为确保安全施工，需要给模板设置安全的支撑系统。支撑系统施工时应遵循先竖向后横向、从左向右、从下到上的原则。

① 竖向：钢筋混凝土墙模外侧均采用 40mm×70mm 木枋（也可用 $\phi48mm×2.8mm$ 钢管、方矩管），按照间距为 200mm 中到中设置。

② 横向：每排螺杆位置安装两根 $\phi48mm×2.8mm$ 钢管，水平间距根据模板拼装的拉杆间距设置。模板以长度方向倒放顺序排样，水平方向间距为 450mm；模板以长度方向竖放顺序排样，水平方向间距为 450～500mm。

③ 检查加固：检查钢筋混凝土墙模板的垂直度、墙体厚度、保护层厚度是否满

足要求，满足要求后即可采取固定支撑系统，边固定边校正。

④ 支撑：根据现场作业面实际情况，采用斜撑或支撑以及搭设施工用脚手架支撑。架体应进行设计验算，按要求进行搭设。

⑤ 验收：钢筋混凝土墙模安装加固完成后，由项目部专业工长、质量员进行检查验收，并填写检验批质量验收记录表，提请公司专业职能部门质量监管员进行复验。复验通过后，报请专业监理工程师进行验收。验收合格后，即可进行下道工序施工。

（7）混凝土浇筑

由于景墙高度较高，为保证混凝土的浇筑，本方案采用的是天泵泵送混凝土（图 5-7-16）。墙体浇筑混凝土前，检查并清理模板内残留杂物，用水冲净。所有木模常温时应浇水湿润。在底部接槎处先浇筑 5cm 厚与墙体混凝土成分相同的水泥砂浆或细石子混凝土。用铁锹均匀入模，不应用吊斗直接灌入模内。开始浇筑混凝土时，第一层泵送混凝土浇筑高度控制在 50cm 左右，以后每次浇筑高度不应超过 1m，分层浇筑振捣。混凝土下料点应分散布置。墙体连续进行浇筑，间隔时间不超过 2h。每层混凝土下料完成后振捣混凝土，每一振点的延续时间，以表面呈现浮浆和不再沉落为达到要求。避免碰撞钢筋、模板等，依次完成墙体混凝土的浇筑。

注意事项：现场若发现模板有变形、移位时，应暂停混凝土浇筑施工，并安排各有关工种进行配合处理，确保没问题后再继续施工。

5.7.3 拆除模板

在墙体混凝土强度达到拆模条件时，可以进行模板拆除。拆除模板时，首先拆下穿墙螺栓，然后将钢管、木枋等拆除。使用撬棍撬动模板下口，使模板向后倾斜与墙体脱开。不得在墙上口撬模板，或用大锤砸模板，应保证拆模时不晃动混凝土墙体。拆除后将模板、钢管、木枋等物件搬运至存放地点，同时对于大模板要进行检查与维护，保证其使用质量（图 5-7-17）。拆除模板后需浇水养护墙面混凝土，养护时间不少于 7 天。

图 5-7-16　景墙上部结构浇筑混凝土

图 5-7-17　景墙拆除模板

5.7.4 景墙墙面装饰

根据景墙的剖断面图可知，景墙的装饰面采用干挂石材工艺。干挂石材施工工艺流程为：

测量放线→放置预埋膨胀螺栓→固定 50 镀锌角码→钢挂件安装→石材安装、调校→嵌入不锈钢嵌条→拆除脚手架、完工清理。

（1）测量放线

依据墙面中的装饰板材的样式和凹凸情况，分别在墙的上、下两侧及中部设置测量控制点。用 10# 铅丝拉挂水平垂直控制线，并做好相邻墙面阴阳角转折控制。用吊线锤从上至下将石材墙面、柱面找出垂直线，按图纸量出石材外廓尺寸线。此线为第一层石材安装的基准线。根据给定的基准线设计要求进行分格，在墙面上标出板块接缝位置。

（2）放置预埋膨胀螺栓

根据放线位置及板材大小在墙面上把石材需要安装预埋件的位置用记号笔标记出来，然后安排工人根据标记的位置用电钻打孔，放置 M10×100mm 预埋膨胀螺栓。

> 注意事项：① 石材需要安装预埋件的位置应在电脑上进行预排，然后再在现场量取相应的尺寸，用记号笔做标记。
> ② 工人使用电钻钻孔时，应根据膨胀螺栓的长度和大小确定钻孔深度。

（3）固定 50 镀锌角码

膨胀螺栓安装完毕后，将角码固定在墙面上。在安装角码时要控制好水平。具体参考做法是：将景墙两端的角码先行固定并测定水平，确认无误后，用白线将两端拉平，然后再进行中间螺栓的安装定位。

（4）钢挂件安装

根据挂件的位置丈量石材的开槽位置。用手持切割机切割成宽为 6mm，深 15mm，长不小于 100mm 的槽。用云石胶填满石板开槽位置，待云石胶凝结后才可安装。

（5）石材安装、调校

石材安装从下至上进行。安装时应严格控制第一块石材的安装，一般由中间往两侧推，从底层由下往上进行，且块块控制层层校核石材的水平、垂直位置，保证石材的顺直和板间缝的横平竖直。安装前根据设计要求拉出一条控制通线，控制水平和垂直度，然后拧紧挂件上的镀锌螺栓（一定有弹簧垫圈进行弹性连接）。在控制板上部的水平时，在挂件后用不锈钢平垫进行调节，并在垫座上用环氧干挂结构 AB 胶加固。按照此工序依次完成石材的施工（图 5-7-18）。

注意事项：① 石材品种、规格、颜色必须符合有关标准规定和设计要求。石材安装必须牢固，无歪斜、缺棱掉角和裂缝、风化等缺陷。表面应平整、洁净、色泽协调一致。套割要吻合，边缘整齐，水平接缝平整。接缝平直、宽窄一致，填嵌密实、颜色一致。阴阳角处板的压向正确，非整板的使用部位适宜。

② 立面垂直偏差不超过 1.5mm，表面平整偏差不超过 1mm，接缝宽度偏差用角尺或钢直尺检查不超过 3mm。

（6）嵌入不锈钢嵌条

根据设计图纸加工不锈钢嵌条，选用 50mm 宽、1.5mm 厚的光面不锈钢（长度按照图纸要求），表面进行电镀深咖色氟碳漆处理。安装时可以选择点焊或结构胶的形式固定。本方案采用的是中性硅酮结构胶固定。石材安装就位后着手清理石材之间及缝隙中的粉尘，然后在嵌条安装的中心位置做几个固结点，防止固结点过少造成嵌条松动，不锈钢条嵌入之后在其两端使用结构胶加固处理（图 5-7-19）。

图 5-7-18　干挂石材

图 5-7-19　嵌入不锈钢嵌条

（7）拆除脚手架、完工清理

在大理石安装完毕以及不锈钢嵌条安装完成后，随脚手架的卸落进行全面检查、清洗。

复习思考题

① 景墙的功能有哪些？

② 景墙的分类形式有哪些？日常生活中常见的景墙有哪些？

③ 景墙的设计如何做到与周围景观要素融合呼应？

④ 景墙的施工图内容有哪些？各部分施工要点是什么？

⑤ 简述砌筑体景墙的基础结构施工流程。

⑥ 简述钢筋混凝土结构景墙的主要施工流程。

第6章
树池、花池的设计与施工

6.1 树池、花池的含义

　　树池、花池也称为种植池，是种植植物并满足一定功能要求的人工构筑物，是城镇空间植物生长的重要载体。

6.2 树池、花池的功能

6.2.1 美化观赏

　　树池、花池是构成园林景观的重要小品构筑物。在我国，树池、花池的应用历史悠久。在现代园林中，树池、花池的形式多样、造型优美、树形花色各异、材质丰富多彩，可以独立成景，也可与园凳、雕塑、水体、铺装等巧妙结合，以其独特美观的造型艺术、绚丽协调的色彩构成、巧妙灵活的布置形式，形成特色艺术景观，提升城市形象。树池、花池与其他建筑、小品等硬质景观的搭配组合，可以柔化柱基、墙角，过渡得生动有趣，增强视觉效果（图6-2-1）。植物的花开花落、季相变化给城市增添了自然的色彩，这不仅拉近了人与自然的距离，更激发人们艺术欣赏的兴趣，具有重要的观赏价值。在盛大的节日里，那些争奇斗艳、千姿百态的定制树池和花池，经常成为城市点缀亮化的主角，烘托节日或活动的欢乐气氛（图6-2-2）。

6.2.2 引导视线

　　树池、花池通过其独特的造型、图案、组合方式，及植物的优美姿态、绚丽色彩等常常成为人们视线的焦点（图 6-2-3），由此调节游览路线、行走速度，丰富游览情趣，引导、控制流动视线。例如，花木的花色吸引人们抬头仰视，有如"绿杨烟外晓寒轻，红杏枝头春意闹"；树池、花池池壁的特有造型、图案、形状及花草的五彩缤纷等特点又激发人们的游赏兴趣（图 6-2-4）。

图 6-2-1　美化隔墙的花池

图 6-2-2　展厅点缀的花池

图 6-2-3　时令观赏性花池

图 6-2-4　造型奇美的花池

6.2.3　组织交通

在一些小区、公园、广场、道路、交叉口、安全岛、分隔带等人车的汇集交叉地，树池、花池常常被独立、群状、带状、连续性设置，有效地分流车辆和组织交通（图 6-2-5）。有些树池、花池还与不同材质的铺装、路灯、座椅、标牌等景观小品组合，构成有机的整体，强化分区，提高驾驶员和行人的注意力，增加道路美感与安全保障（图 6-2-6）。

图 6-2-5 交通岛树池　　　　　　　　　图 6-2-6 交通引导树池

6.2.4 围合分隔空间

空间一般是指由地平面、立面以及顶面单独或共同组合而形成的实在的或暗示性的围合范围。在公园、城市广场、街道等公共活动场所，树池、花池通常被设计师和工程师们通过特定的组合布设、排列造型、质地色彩及地形高差控制，达到围合或分隔空间的作用（图 6-2-7）。树池、花池的不同形状、大小进行组合，再根据需要配置疏密不一、高矮各异的花卉苗木，巧妙地划分并装饰了场地、分隔了空间，同时还产生一种隐隐约约、似隔非隔、通而不透的生物屏障效果。利用树池、花池的柔化处理，不仅定义了空间的边界，还改变了铺装场所及建筑物构成的冰冷、空旷的硬质空间，将其用植物材料分隔出一系列亲切、生机盎然的小空间（图 6-2-8）。同时，利用树池、花池可以调节空间开敞、封闭、虚实、远近的效果，能在空旷的大空间中创造出丰富多彩的空间序列。

图 6-2-7 围合空间的树池　　　　　　　图 6-2-8 分隔空间的树池

6.2.5 生态防护

在硬化的广场、道路、街区等场地设置树池、花池，池壁可有效保护其中的花草苗木不被行人踩踏，不被车辆碰撞碾压（图 6-2-9）。池内空间能够满足花木的正常生长需求，防止树干及根系破坏硬化场地。池内土壤具有良好的透气性、渗水性和吸收性，促进花卉苗木的正常生长，降低养护的成本。池内汇集的水分在阳光照射下缓慢蒸发，可以调节地上的温度和湿度，与池内花木的蒸腾作用一起缓解城市热岛效应。在地势高低不一的场地中，树池、花池对坡面起到支撑防护作用，同时增加绿化场地面积（图 6-2-10）。池内植物是新鲜空气的"天然工厂"，它不仅通过光合作用吸收、消耗二氧化碳，供给氧气，而且还可吸附空气中的一些有毒气体及尘埃颗粒，有效净化城市空气，防风防尘，调节区域小气候，促进"碳中和"，具有十分重要的生态防护作用。

图 6-2-9　防护性树池　　　　　　　　图 6-2-10　护坡性树池

6.2.6　提供休憩场所

在公园、庭院、城市广场、购物街区、校园等主要的人员集散和休闲地的树池、花池，要么巧妙地和坐凳、座椅融为一体（图 6-2-11），要么通过设计和施工衍生出一个小平台（图 6-2-12），为行人的游玩、购物、休闲、学习、娱乐等活动提供一个舒适、惬意的场所。

图 6-2-11　候车厅兼具休憩功能的花池　　　图 6-2-12　路边兼具休憩功能的树池

6.3.1 按材质分

随着科技的进步、材料学的发展，构成树池、花池的材料也越来越多。根据构成材质的不同，树池、花池主要可以分为砖砌式、混凝土式、花岗岩式、涂料式、钢板式、陶瓷式、桩木式、块石式、塑料式、组合式等（图6-3-1）。

①砖砌式根据砌筑砖的种类不同可分为红砖式、灰砖式、PC砖式等。

②混凝土式可以分为钢筋混凝土式、素混凝土式、水洗石式、仿木式等。

③花岗岩式可根据饰面花岗岩的颜色、纹理不同而有多种形式。还可依花岗岩的块体差异分为条块式、薄片式。

④涂料式主要是指树池、花池外表涂刷的装饰性材料为涂料类。根据涂料的色泽不同又可分为多种形式。

(a) 砖砌式

(b) 混凝土式

(c) 花岗岩式

(d) 涂料式

(e) 钢板式

(f) 陶瓷式

(g) 桩木式

(h) 块石式

(i) 塑料式

(j) 组合式

图 6-3-1　不同材质的树池、花池

⑤ 钢板式目前常用的主要有不锈钢钢板和耐候钢板。

⑥ 陶瓷式可根据饰面陶瓷的色泽、纹理不同而有多种形式。如水体中的树池、花池常采用马赛克饰面，以及陶罐式的树池、花池等。

⑦ 桩木式根据木材的加工方式各异，可分为天然木桩式、木板式、防腐木式、木制成品式、竹艺式等。

⑧ 块石式按块石的完整性可分为条石式、整石式、碎石式等。

⑨ 塑料式是运用现代制作工艺，用各种塑料制作而成的树池、花池。如各形塑制花箱、玻璃钢等。

⑩ 组合式是目前最常用的形式。如砖砌式、混凝土式与木质座椅结合等。

6.3.2 按形状分

随着设计艺术的快速发展，中西文化的激烈碰撞，及设计师们的"头脑风暴"，现代树池、花池的形状可谓千姿百态。常见的形状主要有三角形、四边形、多边形、长条形、圆形、卵形、曲面形、异型、图案式、组合式等（图6-3-2）。这些也可归类为规则式和不规则式。

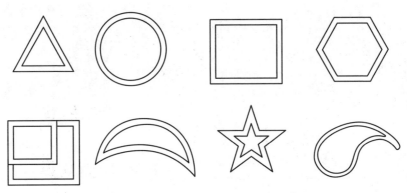

图 6-3-2 部分树池、花池的形状示意

① 三角形或四边形的树池、花池多呈阵列式布置，营造整齐的序列感，也可分隔各空间序列。如树阵广场、人行道两侧等。四边形常见的有正方形、长方形、菱形等。

② 长条形的树池、花池多见于狭长地带。如果用于宽阔场地，则主要发挥分隔空间、组织交通等功能。

③ 圆形的树池、花池一般常见于道路交叉口和人流集散地等，起交通岛的作用。

④ 卵形、曲面形、异型这些不规则样式的树池、花池，往往与使用场地的总体设计方案相融合协调，造型奇特且优美。

⑤ 图案式多将树池、花池做成一个立体的图案样式，如梅花形、五角星形、船形、钵形等。

⑥ 组合式是由两种或两种以上形状样式的树池、花池相互组合形成的，其能创造出各式各样的平面形状及空间层次，满足景观绿化建设的各种需求。

6.3.3 按应用环境分

在现代园林景观建设中，树池、花池的应用越来越广泛，使用的场景也越来越多。按应用的环境不同，树池、花池主要可以分为街道式、座椅式、临水式、水中式、跌水式、台阶式等（图 6-3-3）。

(a) 街道式(人行道)

(b) 座椅式

(c) 临水式

(d) 水中式

(e) 跌水式

(f) 台阶式

图 6-3-3 应用于不同环境中的树池、花池

① 街道式树池、花池主要应用于道路两侧，沿街道路、广场，道路交叉口等地

方，如行道树、交通岛、花箱等。

②座椅式树池、花池主要应用于休闲广场、步行街、公园、校园等供人休憩的地方。一般由多种材质组合建造而成。

③临水式、水中式、跌水式树池、花池主要应用于水景中，丰富水景的层次及美感。该类型树池、花池需做好池壁的防排水。

④台阶式树池、花池多应用于有地形高差，或标高特殊处理的场地，增添景观层次。多见于台地及边坡景观营造中。

6.3.4 按标高分

树池、花池在园林景观中的应用也讲究高低错落。根据树池、花池与场地平面的标高不同，可分为平地式，下沉式、凸起式（图 6-3-4）。

(a) 平地式   (b) 下沉式

图 6-3-4　不同标高的树池、花池

①平地式树池、花池与地面基本平齐，标高一致。常见的有行道树类。

②下沉式树池、花池的标高低于地面或水面，呈下凹式，多用于景观建造的特殊处理。

③凸起式树池、花池是最常见、应用最广泛的形式，其标高明显高于所在地面。

6.3.5 按固定情况分

树池、花池的应用形式多样，按其固定的情况可分为固定式、活动式。

①固定式的树池、花池是不能根据需要搬移的，建造完成其位置也就固定不变

了，是最常见的形式。

② 活动式树池、花池可根据时节或使用要求随时搬移，更换摆放位置。这类树池、花池体量一般较小，多为预制的成品。

6.3.6 按填充材料分

树池、花池根据应用环境的不同，池内顶面填充装饰材料各异，一般可分为植物填充型、预制构件填充型、石料填充型等（图 6-3-5）。

(a) 植物填充型   (b) 预制构件填充型

图 6-3-5 不同填充材料的树池、花池

① 植物填充型树池、花池根据需要在池内顶面种植花灌木或草坪等地被植物。

② 预制构件填充型树池、花池主要是在池内顶面安装预制好的金属、木板、塑料箅子等。

③ 石料填充型树池、花池主要是在池内顶面铺设卵石、块石、砾石、碎石、雨花石等。

6.4 树池、花池的设计要点

设计建造优质树池、花池的关键是要考虑其功能、形式和环境的呼应，以及对自然和人工环境的融合。出色的树池、花池设计将为园林景观带来丰富的层次感，并营造出多种功能空间。

6.4.1 平面设计

根据园林景观的风格，总设计方案的构图、布局、功能等要求，确定树池、花池设计的饰面材料和造型线条的样式。在平面表现上应重点关注其形状图案、尺寸大小、排列组合方式等，做到合适、美观、融洽。

树池、花池的平面形状图案是整个方案总体构图的组成部分，具有过渡、点睛等作用，所以平面形状要与方案的总体构图相协调，做到与周边设计的过渡衔接，自然顺畅，美观大方；要与其功能相匹配，恰当的形状更能充分发挥其功能作用；要与其本身的排列组合方式相适应，以便更能展现其效果、功能、整体美观度。

树池、花池的有效平面尺寸取决于设计苗木的高度、胸径、根茎的大小及幅度、根的高度等因素。一般方形树池适合 1.5m×1.5m，最小不宜小于 1m×1m；矩形树池适合 1.2m×2.0m；圆形树池的直径不宜小于 1.5m；一般花池边宽常用尺寸宜为120mm，花池边压顶常用尺寸宜为 240～300mm。普通树池常用尺寸详见表 6-4-1。有特殊性质用途的，应根据现场实际情况确定尺寸。如作为交通岛的树池、花池尺寸，要依据规划、路口的大小、车流量等实际条件确定。

表 6-4-1　普通树池常用尺寸

树高 /m	常用尺寸（以圆形树池为例）/cm
3	直径大于 60，深约 50
4～5	直径大于 80，深约 60
6	直径大于 120，深约 90
7	直径大于 150，深约 100
8～10	直径大于 150，深约 150

树池、花池的排列组合方式很多，结合地形高差、平面形状、自身造型、饰面材料等可以营造出丰富多样的形式。在平面表现上主要有独立式、多个交叉组合式、行列式、阵列式、台阶式、环形组合、圆形组合等。不同的排列组合方式，其平面图的形状要求、过渡连接方式等都不相同。

6.4.2　立面设计

树池、花池的立面设计重点是展现其立面的形状、尺寸、标高、饰面材料等。

根据树池、花池的功能和应用场地的不同，其立面的尺寸标高差别较大。如树池、花池兼具坐凳功能时，其立面标高应距地面 40～45cm；行道树等平地的树池、花池，其顶部一般与地面平齐或高出 2～3cm；水中的树池、花池，其立面标高一般高于设计水位线。

对于台阶、坡道旁边的和用作挡墙的树池、花池，一般应跟随高差变化作斜面或跌级设计。池基通常高出台阶或坡道地面。

树池、花池的立面图设计要详细绘制出立面形状图案、饰面材料的铺贴纹路图案等，并详细标注所有尺寸、标高、材料及规格等。如果某一部位不能详尽表达，可以另画大样图单独展示。绘制树池、花池立面图时，需区别不同视立面，并在平面图中标注视立面方向。

6.4.3　剖面设计

树池、花池的剖面图通常也可称为剖视图，除了要画出剖切的断面外，一般还需画出池体的其他可视部位。剖面图需详尽表达出剖切断面各结构层的材料、规格型号、尺寸厚度、施工方式等。

剖面图中的各尺寸标注要准确、详尽。各结构层的标注应按结构顺序上下左右集中整齐标注。对于某些形状特殊、开孔或连接较复杂的零件或节点，在整体图中不便表达清楚时，可另画大样详图。

6.5　树池、花池施工图绘制与实例

树池、花池施工图是将所设计的树池、花池建设成成品的重要指导性和实施性文件，应详尽、可靠。

6.5.1　施工图绘制要点

树池、花池的施工图一般包括：基础平面图（一般可以不绘制）、顶平面图、立面图、剖（断）面图、大样图等。基础平面图应详细标注树池、花池基础部分的平面形状及尺寸等；顶平面图是树池、花池沿铅垂线方向投影到地平面上而构成的图形，应重点表现树池、花池的平面布置、平面形状和尺寸，以及平面可视的装饰材料；立面图应详细绘制树池、花池各主要立面的造型，并标注其立面尺寸、标高及可视的立面装饰材料；剖（断）面图应详细展现树池、花池的基础及池体内部结构形式、断面形状、尺寸、标高、材料组成、做法及施工要求等；大样图是对树池、花池个别细部的放大，以便详尽展现该部位的形式、形状、材料组成、做法及工艺要求等。

6.5.2　施工图绘制步骤

（1）基础平面图

先以地平面为剖切面，再按比例绘制出位于剖切面下方的树池、花池部分的平面形状、结构形式等，最后标注其平面尺寸、材料等。树池基础平面图如图 6-5-1 所示。

（2）顶平面图

以地平面为基准面，将树池、花池地上部分沿铅垂线方向投影到地平面上，再按比例绘制构成的图形。最后标注其平面尺寸、顶视材料等。树池顶平面图如图 6-5-2 所示。

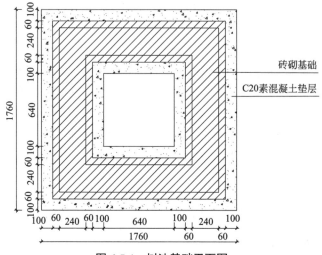

图 6-5-1　树池基础平面图

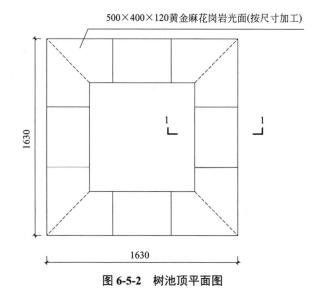

图 6-5-2　树池顶平面图

（3）立面图

先确定视立面，再以地平线为基准线，按标高和尺寸，在基准线以上将树池、花池立面的造型按比例完整绘制出来，最后标注其立面尺寸、标高及可视的立面装饰材料等。树池立面图如图 6-5-3 所示。

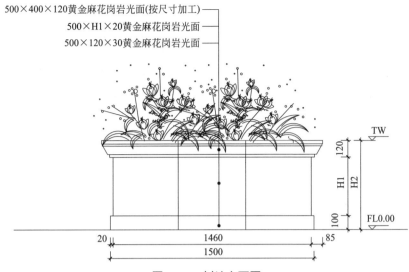

500×400×120黄金麻花岗岩光面(按尺寸加工)
500×H1×20黄金麻花岗岩光面
500×120×30黄金麻花岗岩光面

TW
120
H1 H2
100
FL0.00

20　1460　85
1500

图 6-5-3　树池立面图

（4）剖（断）面图

先确定剖切方向，再以地平线为基准线，按标高和尺寸，在基准线以上将池体内部结构形式、断面形状等按比例完整绘制出来，在基准线以下将池体基础内部结构形式、断面形状等按比例完整绘制出来，然后绘制出未剖切到的部位，最后详细标注其尺寸、标高、材料组成、做法及工艺要求等。树池剖面图如图 6-5-4 所示。

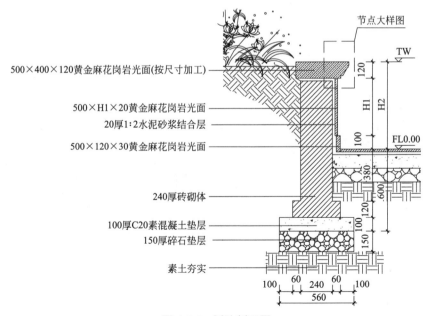

节点大样图

500×400×120黄金麻花岗岩光面(按尺寸加工)
TW
120
500×H1×20黄金麻花岗岩光面
20厚1:2水泥砂浆结合层
H1 H2
500×120×30黄金麻花岗岩光面
100 FL0.00
380 600
240厚砖砌体
120
100
100厚C20素混凝土垫层
150厚碎石垫层
150
素土夯实

100　60　240　60　100
560

图 6-5-4　树池剖面图

（5）大样图

对上述图形中不能或不便详细表现的部位，应绘制大样图。先确定需绘制大样图的部位，并做好索引标注，再按比例将该部位单独放大，详细绘制出其结构形式、花纹图案等，最后详细标注其尺寸、标高、材料组成、做法及工艺要求等。树池大样图如图 6-5-5 所示。

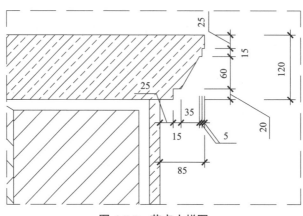

图 6-5-5　节点大样图

6.5.3　部分施工图实例

（1）实例一：广场花池

某广场花池的实景照片如图 6-5-6 所示，其全套施工图如图 6-5-7 所示。

图 6-5-6　广场花池实景照片

（2）实例二：树池座椅

某树池座椅实景照片如图 6-5-8 所示，其全套施工图如图 6-5-9 所示。

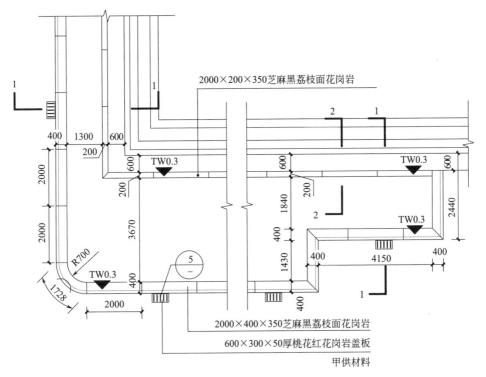

2000×200×350芝麻黑荔枝面花岗岩

TW0.3

TW0.3

TW0.3

TW0.3

TW0.3

2000×400×350芝麻黑荔枝面花岗岩

600×300×50厚桃花红花岗岩盖板

甲供材料

花池平面图

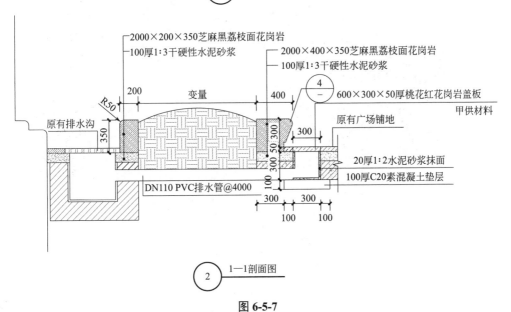

2000×200×350芝麻黑荔枝面花岗岩
100厚1:3干硬性水泥砂浆

2000×400×350芝麻黑荔枝面花岗岩
100厚1:3干硬性水泥砂浆

600×300×50厚桃花红花岗岩盖板
甲供材料

变量

R50

原有排水沟

原有广场铺地

20厚1:2水泥砂浆抹面

100厚C20素混凝土垫层

DN110 PVC排水管@4000

1—1剖面图

图 6-5-7

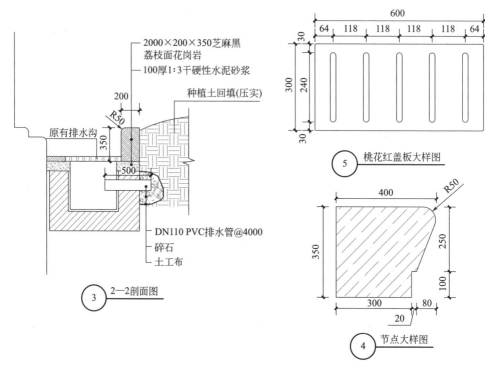

图 6-5-7　广场花池全套施工图

图 6-5-8　树池座椅实景照片

（3）实例三：异型树池

某异型树池实景照片如图 6-5-10 所示，其全套施工图如图 6-5-11 所示。

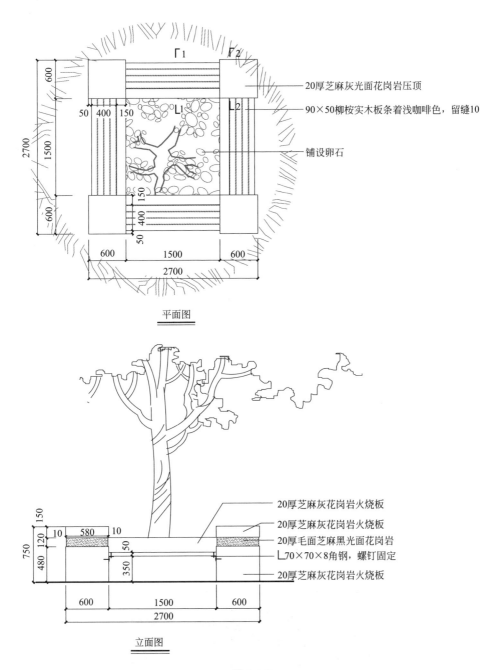

平面图

立面图

图 6-5-9

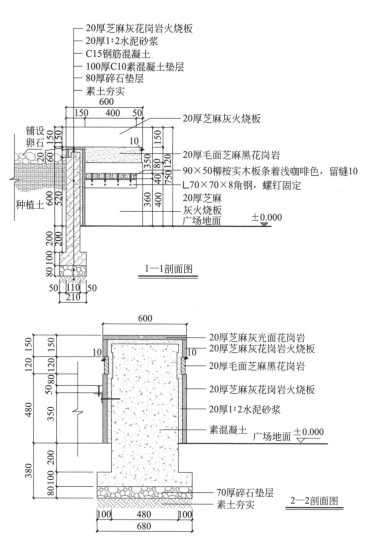

図 6-5-9　树池座椅全套施工图

图 6-5-10　异型树池实景照片

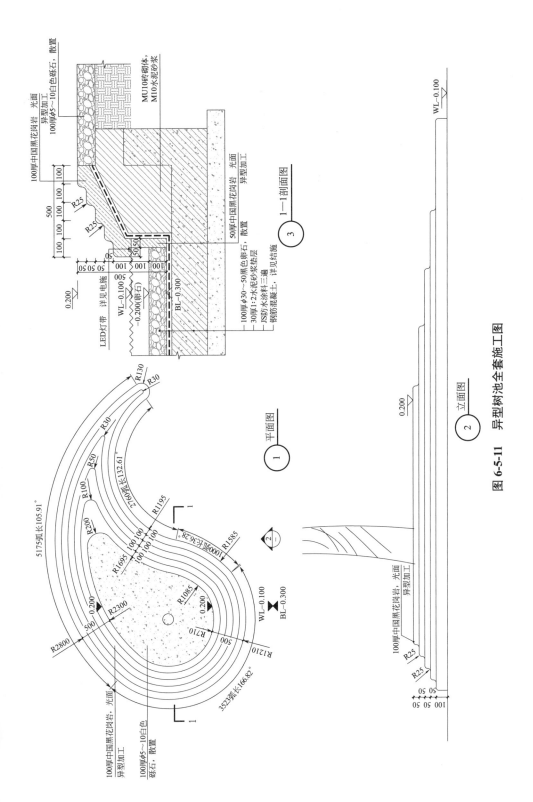

100厚中国黑花岗岩 光面
异型加工

100厚φ5~10白色砾石、散置

MU10砖砌体，
M10水泥砂浆

100 100
R25
500
100 100
R25
100 100

50 50
100

100 100

0.200

LED灯带 详见电施

WL-0.100
-0.200卵石

500卵石

BL-0.300

50厚中国黑花岗岩 光面
异型加工 散置

100厚φ30~50黑色卵石
30厚1:2水泥砂浆垫层
JS防水涂料三遍
钢筋混凝土，详见结施

1—1剖面图
③

R130
R30
R30
R50
R100
R200
R1195
2760弧长132.61°
1000弧长36.28°
R1585
R1695
100 100 100
100 100 100
5175弧长105.91°

WL-0.100
BL-0.300

②
1

R1085
R710
500
500
R1210
352弧长166.82°
R2300
R2800
0.200
0.200

平面图
①

100厚中国黑花岗岩 光面
异型加工

100厚φ5~10白色
砾石、散置

WL-0.100

0.200

R25
R25
100 50 50
50 50

100厚中国黑花岗岩 光面
异型加工

立面图
②

图6-5-11 异型树池全套施工图

（4）实例四：圆形树池

某圆形树池实景照片如图 6-5-12 所示，其全套施工图如图 6-5-13 所示。

图 6-5-12　圆形树池实景照片

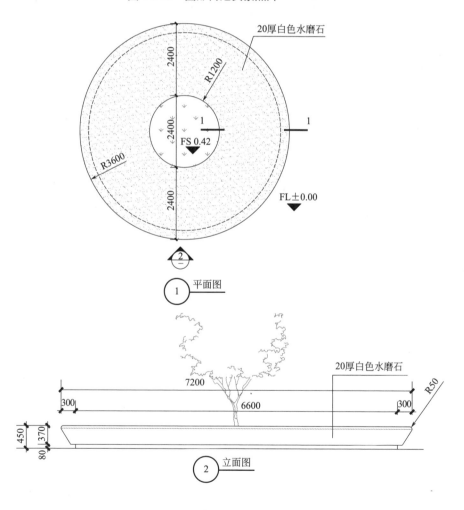

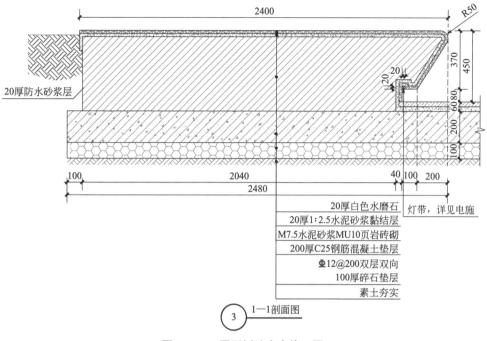

20厚防水砂浆层

2400

R50

20

20

370

450

200 60 80

100

20厚白色水磨石
20厚1:2.5水泥砂浆黏结层
M7.5水泥砂浆MU10页岩砖砌
200厚C25钢筋混凝土垫层
Φ12@200双层双向
100厚碎石垫层
素土夯实

100   2040   40 100   200

2480

灯带，详见电施

③ 1—1剖面图

图 6-5-13　圆形树池全套施工图

（5）实例五：圆形花池座椅

某圆形花池座椅实景照片如图 6-5-14 所示，其全套施工图如图 6-5-15 所示。

图 6-5-14　圆形花池座椅实景照片

（6）实例六：休闲树池

某休闲树池实景照片如图 6-5-16 所示，其全套施工图如图 6-5-17 所示。

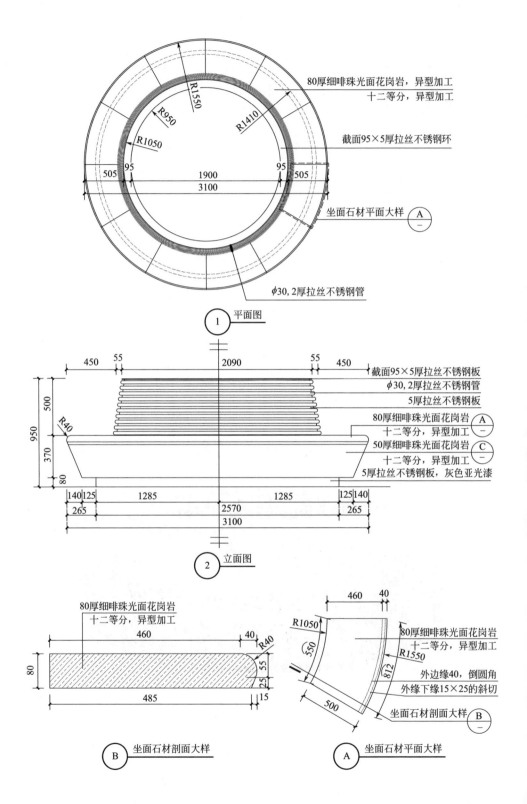

80厚细啡珠光面花岗岩，异型加工
十二等分，异型加工

截面95×5厚拉丝不锈钢环

坐面石材平面大样 A

R1550
R950
R1410
R1050

95
505
1900
3100
505
95

φ30,2厚拉丝不锈钢管

① 平面图

450 55
2090
55 450

截面95×5厚拉丝不锈钢板
φ30,2厚拉丝不锈钢管
5厚拉丝不锈钢板

500
950
R40
370
80

80厚细啡珠光面花岗岩 A
十二等分，异型加工
50厚细啡珠光面花岗岩 C
十二等分，异型加工
5厚拉丝不锈钢板，灰色亚光漆

140 125
1285
1285
125 140
265
2570
265
3100

② 立面图

80厚细啡珠光面花岗岩
十二等分，异型加工

460 40
R40
80
55
25
485
15

B 坐面石材剖面大样

460 40
R1050
550
R1550
812
500

80厚细啡珠光面花岗岩
十二等分，异型加工
外边缘40，倒圆角
外缘下缘15×25的斜切
坐面石材剖面大样 B

A 坐面石材平面大样

232　园林建筑、小品设计与施工

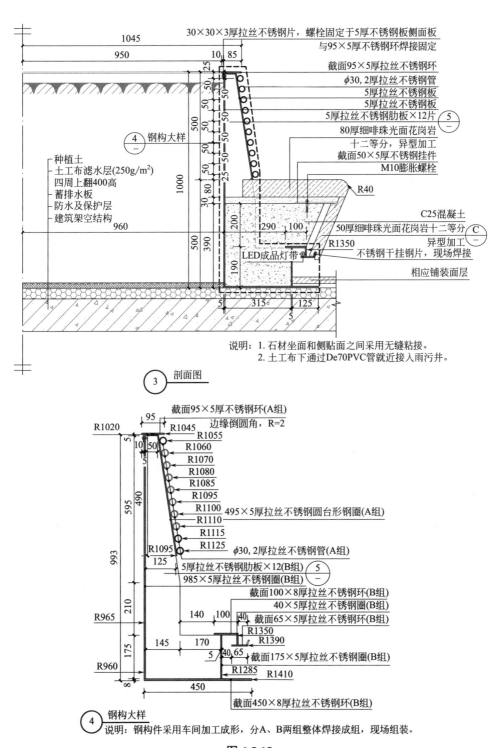

图中标注：

1045
950
10 | 85
30×30×3厚拉丝不锈钢片，螺栓固定于5厚不锈钢板侧面板
与95×5厚不锈钢环焊接固定
截面95×5厚拉丝不锈钢环
ϕ30,2厚拉丝不锈钢管
5厚拉丝不锈钢板
5厚拉丝不锈钢板
5厚拉丝不锈钢肋板×12片
80厚细啡珠光面花岗岩
十二等分，异型加工
截面50×5厚不锈钢挂件
M10膨胀螺栓
R40

④ 钢构大样

种植土
土工布滤水层(250g/m²)
四周上翻400高
蓄排水板
防水及保护层
建筑架空结构

C25混凝土
50厚细啡珠光面花岗岩十二等分
异型加工
不锈钢干挂钢片，现场焊接
相应铺装面层
LED成品灯带

说明：1. 石材坐面和侧贴面之间采用无缝粘接。
　　　2. 土工布下通过De70PVC管就近接入雨污井。

③ 剖面图

截面95×5厚不锈钢环(A组)
边缘倒圆角，R=2
R1020
R1045
R1055
R1060
R1070
R1080
R1085
R1095
R1100   495×5厚拉丝不锈钢圆台形钢圈(A组)
R1110
R1115
R1095   R1125 ϕ30,2厚拉丝不锈钢管(A组)
5厚拉丝不锈钢肋板×12(B组)   ⑤
985×5厚拉丝不锈钢圈(B组)
截面100×8厚拉丝不锈钢环(B组)
40×5厚拉丝不锈钢圈(B组)
截面65×5厚拉丝不锈钢环(B组)
R965
R1350
R1390
R960
截面175×5厚拉丝不锈钢圈(B组)
R1285   R1410
截面450×8厚拉丝不锈钢环(B组)

④ 钢构大样
说明：钢构件采用车间加工成形，分A、B两组整体焊接成组，现场组装。

图 6-5-15

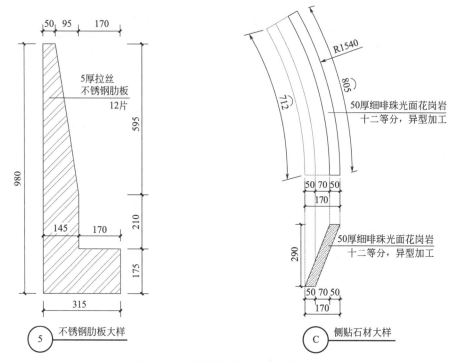

图 6-5-15　圆形花池座椅全套施工图

图 6-5-16　休闲树池实景照片

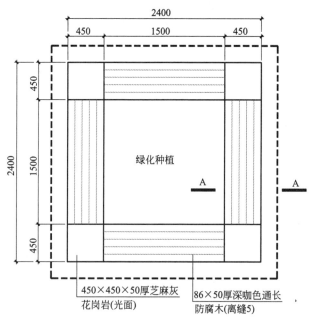

绿化种植

A

A

450×450×50厚芝麻灰
花岗岩(光面)

86×50厚深咖色通长
防腐木(离缝5)

① 休闲树池平面图

400×350×40厚芝麻灰
花岗岩(光面)

450×450×50厚芝麻灰
花岗岩(光面)

86×50厚深咖色通长
防腐木(离缝5)

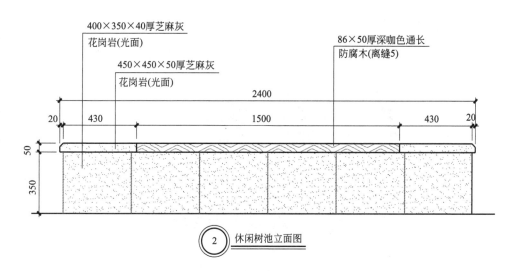

② 休闲树池立面图

图 6-5-17

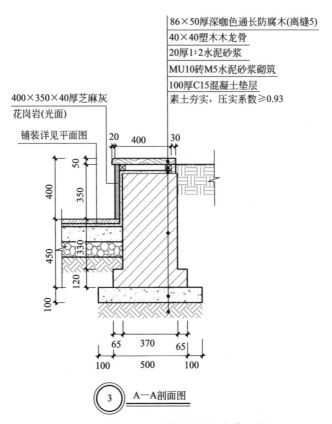

86×50厚深咖色通长防腐木(离缝5)
40×40塑木木龙骨
20厚1:2水泥砂浆
MU10砖M5水泥砂浆砌筑
100厚C15混凝土垫层
素土夯实，压实系数≥0.93

400×350×40厚芝麻灰
花岗岩(光面)

铺装详见平面图

20 400 30

50

400

350

450 330

120

100

65 370 65
100 500 100

③ A—A剖面图

图6-5-17 休闲树池全套施工图

（7）实例七：行道树树池

某行道树树池实景照片如图6-5-18所示，其全套施工图如图6-5-19所示。

图6-5-18 行道树树池实景照片

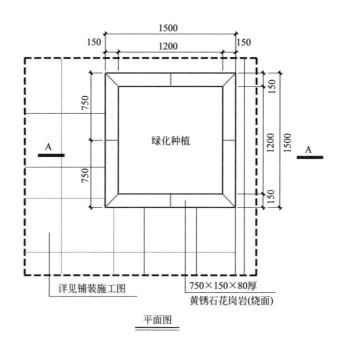

详见铺装施工图

750×150×80厚
黄锈石花岗岩(烧面)

平面图

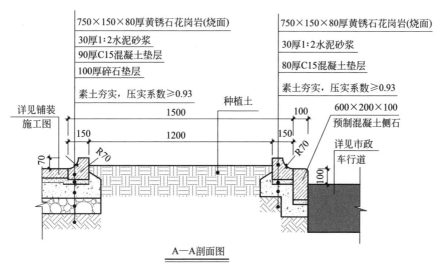

750×150×80厚黄锈石花岗岩(烧面)

30厚1:2水泥砂浆

90厚C15混凝土垫层

100厚碎石垫层

素土夯实,压实系数≥0.93

750×150×80厚黄锈石花岗岩(烧面)

30厚1:2水泥砂浆

80厚C15混凝土垫层

素土夯实,压实系数≥0.93

详见铺装施工图

种植土

600×200×100
预制混凝土侧石

详见市政车行道

A—A剖面图

图6-5-19 行道树树池全套施工图

6.6 砖砌体结构花池施工

某乡村振兴建设项目为提升乡村形象与品质，在村庄入口处设置了一个休闲广场。广场中有砖砌花池、钢板花池与景墙等结合在一起的景观（图6-6-1）。根据砖砌体花池的结构及施工技术要求，正确进行施工。

图 6-6-1　某砖砌体花池实景图

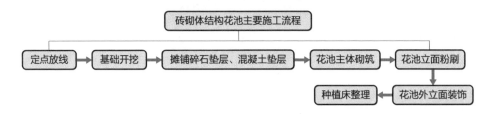

6.6.1 定点放线

根据花坛设计要求，将花池砌体图形在地面上放线。具体操作方法如下：根据花池在广场中的位置坐标，用全站仪等仪器设备将花池的角点坐标测设出来，用钢筋或木桩打桩定点；然后用尺子将相邻两个桩点位置连起来，沿着尺子撒白灰将花池边线测放出来（图6-6-2）。

6.6.2 基础开挖

花池现场放线完成后，安排挖机进场。按照已有的花坛边缘线开挖基槽。基槽开挖的宽度应比墙体基础宽100～200mm，深度根据设计而定。开挖完毕后由人工将槽底清平，夯实基础土方（图6-6-3）。

> 注意事项：为确保后期花池的稳定性，基础开挖时土方切忌超挖，扰动下层土方，继而影响花池基础稳定性。

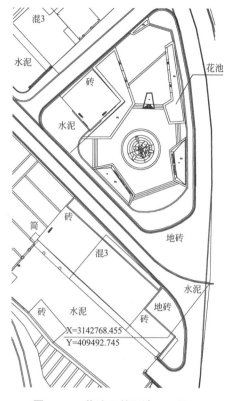

| 图 6-6-2　花池及其环境平面图 | 图 6-6-3　花池基础开挖 |

6.6.3　摊铺碎石垫层、混凝土垫层

基础开挖完毕后，使用全站仪将花池的角点坐标测放出来，然后使用白灰放出边线。根据图纸中的尺寸计算出碎石的用量，然后用铲车或挖机将碎石运至现场摊铺。机械摊铺完毕后由人工精细整平，将碎石垫层夯实到位（图6-6-4）。

图 6-6-4　摊铺碎石

碎石垫层施工完成后，安排混凝土进场，将混凝土卸料摊铺开来，人工耙平并修整。

注意事项：碎石垫层、混凝土垫层的外边尺寸、厚度及标高要控制好，施工过程中应边做边测。

6.6.4 花池主体砌筑

砌筑前，对之前测设的坐标点、标高等进行复核。确认无误后，使用墨斗在混凝土基础上弹出花池主体的边线。根据混凝土基础标高复核情况，由工人先用砂浆进行找平，保证砌筑墙体时基础高度一致。

砌筑时，根据图纸中的花池做法先做放大脚。由图纸得知，放大脚设置的是等高的形式，每一层放大脚的高度是120mm，宽度按照60mm缩进。按照墨斗弹设的位置将第一层放大脚所需要的砖进行预排，预排确认无误后，依次排砖完成放大脚两层墙体的砌筑（图6-6-5）。

放大脚砌筑完成后，根据图纸中的做法进行花池主体的砌筑。花池主体采用37墙，砌筑前再次应用全站仪等仪器给墙体定位，确保花池主体位置无误。然后按照37墙的排砖方式进行排砖砌筑。砌筑时注意砂浆饱满度、上下错缝、内外搭接等情况（图6-6-6）。砌筑时注意测设花池墙体完成面的标高。

图 6-6-5 花池基础放大脚砌筑

图 6-6-6 花池主体砌筑

6.6.5 花池立面粉刷

花池主体砌筑完成后，根据图纸要求将花池的外立面使用10mm厚1∶3水泥砂浆粉刷找平。墙体粉刷前应将墙面浇水湿润，才能进行粉刷找平。在墙面湿润的情况下抹底层灰，粉刷时要用力，使砂浆与墙面黏结牢固（图6-6-7）。抹灰时，花池上部先用白线拉通线调整出粉刷面的厚度，同时确保墙面外边线通直，然后用木枋或方管沿着通线做上部的调平及收口（图6-6-8），施工过程中注意保证粉刷面的垂直度和平整度。待底层灰稍干后再粉刷面层灰，抹涂完成后待面灰稍干后用铝合金尺刮平找直，用木抹子将墙面磨平，同时检查墙面的平整度、垂直度、阴阳角等是否方正、顺直。依次将外立面墙体粉刷施工，然后采用同样的方法将花池墙体顶面进行粉刷找平施工（图6-6-9）。

注意事项：粉刷前一定要将墙体浇水湿润；墙面垂直度、平整度、阴阳角要保持方正、顺直。

图 6-6-7　粉刷砂浆

图 6-6-8　木枋调整平整度

图 6-6-9　花池找平施工

6.6.6　种植床整理

花池粉刷完成后，对种植床进行整理。在种植床中，用挖机勾取运送到现场的种植土，填入花池中。有条件的情况下再填入一层肥效较长的有机肥作为基肥，然后进行翻土作业。一面翻土一面挑选，清除土中杂物，并将土方大致平整到位。

6.6.7 花池外立面装饰

花池外立面装饰施工前，需要使用水准仪将花池墙面的水平线测量出来并用红蓝笔做记号标记标高，然后用墨斗根据标记位置弹出墨线作为后期石材装饰的水平参照线。

石材铺贴时，在石材背面均匀涂抹纯水泥浆。先将花池转角位置的石材进行安装施工，然后根据水平参照线调整石材的铺贴高度，并用水平尺测量及调整石材的水平度、垂直度，用水准仪复测两端石材的标高是否一致。转角位置两端的石材高度调整一致后，在铺贴好的石材上端用白色呢绒线拉通线，然后依次根据通线的高度和位置完成花池的立面装饰铺贴。最后待侧面石材铺装达到强度后，完成花池压顶的安装。安装花池压顶的方法及顺序同侧面铺装，宜先做两端，定水平、标高等，然后拉通线依次完成压顶石的安装。

> 注意事项：铺贴石材时，注意控制石材铺贴的厚度、垂直度、水平度等。

6.7 砖砌体结构树池施工

某乡村振兴建设项目为提升乡村形象与品质，在原有活动中心广场上进行破除改造并新增了景观亭、树池、景墙等景观元素。活动中心广场中的树池采用清水墙工艺砌筑（图 6-7-1）。根据树池的结构及施工技术要求，正确进行施工。

图 6-7-1　砖砌体结构树池实景图

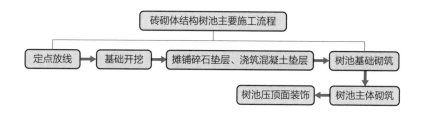

6.7.1 定点放线

施工前，根据施工图纸中活动中心广场详图中树池所在位置的角点坐标
（3145465.428，418492.084）及中心坐标（3145464.421，418493.450）（图6-7-2）进
行定位放线。定位放线时，将设置好的坐标点输入到全站仪中，在施工现场测设预
设好的坐标，测设好坐标点的位置后，施打木桩进行定位，同时用白灰将坐标点进
行连线，形成树池的平面图。

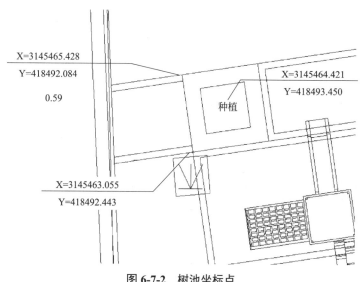

图 6-7-2　树池坐标点

6.7.2 基础开挖

由于该树池属于改造项目，所以树池的施工需要先破除相应位置的地面再进行
下一步施工工序。

首先根据定位放线的坐标，用墨斗在路面上弹出需要破除位置的开挖线。然后用混
凝土切缝机沿着已放好的开挖线将路面混凝土切开，开挖深度不小于80mm。开挖完
成后，安排换好炮头的挖机沿开挖线中央开始破除，逐渐往两边破除，破除过程中

注意保护开挖线外的混凝土不被破坏（图6-7-3）。

混凝土破除后，将挖机的炮头换成挖斗，先将破除的混凝土挖除，然后根据基础面的深度进行树池基础的开挖（图6-7-4），同时将开挖出来的土方及混凝土碎渣收集，及时清理外运到指定弃土场堆放。

图 6-7-3　挖机破除地面

图 6-7-4　挖机开挖基础

6.7.3　摊铺碎石垫层、浇筑混凝土垫层

摊铺碎石垫层前，根据树池的内空1400mm×1400mm加工模板制作成方框，并用木枋加固。通过定位放线放置在树池内空的位置作为基础垫层的内模，然后由人工根据碎石垫层的厚度将碎石铲入基坑内并摊平压实（图6-7-5）。

图 6-7-5　摊铺碎石垫层

碎石垫层完成后，安排混凝土进场并浇筑混凝土。混凝土在卸料时注意不要把模板撞移位，否则影响基础垫层的施工。混凝土卸料后，由人工摊平并用平板振动器振捣密实，然后再由人工用木抹子进行抹平。

6.7.4　树池基础砌筑

砌筑前，按照图纸中树池的位置进行二次定位放线确定基础的位置，并用钢筋打桩定位（图6-7-6）。然后测定基础面标高，用砂浆将基础面找平（图6-7-7）。砂浆找平后根据树池基础的结构用红砖进行48墙排砖定位（图6-7-8）。将一层砌筑完成后依次完成基础面的砌筑（图6-7-9）。

注意事项：该树池施工时正值夏季炎热天气，砌筑红砖前应提前浇水，让砖充分吸水，使砖块表面既湿润又没有浮水。

图 6-7-6　基础放线

图 6-7-7　基础面找平

图 6-7-8　基础面排砖

图 6-7-9　基础面砌筑

6.7.5　树池主体砌筑

　　基础面完成施工后，进行树池主体砌筑。该树池采用的是青砖做清水墙的形式砌筑。采用"三一"砌筑法砌筑，排砖采用的是一丁一顺的形式。本案树池墙体为48墙，砌筑时转角位置需要采用2/3砖进行转角处理（图6-7-10）。转角位置在砌筑时，需要先将转角两端位置的砖砌好，然后挂好通线进行中间砖体的砌筑（图6-7-11）。依此法完成树池主体的砌筑。

　　清水墙的墙面装饰主要是进行勾缝处理。勾缝用砂浆的配合比为1∶1或1∶1.5（水泥∶砂），应注意随用随拌，不可使用过夜灰。

　　勾缝顺序应由上而下，先勾水平缝，后勾立缝。勾水平缝时用长勾缝刀，左手拿托灰板，右手拿勾缝刀，将灰板顶在要勾的缝口下边，右手用勾缝刀将砂浆塞入缝内。灰浆不能太稀，自右向左喂灰，随勾随移动托灰板。勾完一段后，用勾缝刀在砖缝内左右拉推移动，使缝内的砂浆压实、压光，深浅一致。勾立缝时用短勾缝刀，可用勾缝刀将灰从托灰板上刮入立缝之中，也可将托灰板靠在墙边，用短勾缝刀将砂浆送入缝中，使勾缝刀在缝中上下移动，将缝内的砂浆压实，且注意与水平缝的深浅一致。如设计无特殊要求，一般勾凹缝深度为 4 ~ 5mm。待墙体全部勾缝凝结后，要用笤帚把墙面清扫干净。应顺缝清扫，先扫水平缝，后扫竖缝，并不断抖掸笤帚上的砂浆，减少污染。

图 6-7-10　树池砌筑

图 6-7-11　转角吊垂直线

　　墙面勾缝应做到横平竖直、深浅一致，横竖缝搭接平整，压实、压光，不得有丢漏。墙面阳角水平转角要勾方正，阴角立缝应左右分明。防止丢漏缝，应重新复找一次。在视线遮挡的地方、不易操作的地方、容易忽略的地方，如有丢、漏缝，应进行着补、补勾。补勾后对局部墙面应重新清扫干净。景墙施工时正值天气炎热干燥时，应对已勾好的缝浇水养护。

6.7.6　树池压顶面装饰

　　墙体主体砌筑完成后，进行压顶石装饰施工。施工时先复核墙顶标高，确定找平砂浆的厚度，然后预铺树池转角的压顶石，确认标高和尺寸。若符合设计要求，则将预铺好的石材拿起上浆进行铺贴施工。待所有转角位置的压顶石施工完成后，两端带线依次完成中间压顶石的安装。

　　注意事项：安装过程中，注意压顶石的标高、水平度以及石材间的间隙。

复习思考题

　　① 树池、花池的功能有哪些？

② 按应用环境分，树池、花池可以分为哪几类？

③ 按材质分，树池、花池可以分为哪几类？

④ 在树池、花池设计中应注意哪些设计要点？

⑤ 简述砖砌体结构花池的主要施工流程。

⑥ 简述墙面勾缝的原则和注意事项。

第 7 章

园凳座椅的设计与施工

7.1 园凳座椅的功能

园凳座椅是园林建筑、小品的重要组成部分，具有较强的可塑性、地域性、文化性。我国的园凳座椅可追溯到汉魏时期传入北方的胡床，当时没有椅、凳的称谓，而是以坐具形式存在的。唐代以后，椅子的使用量逐渐增多，后来从床用品类划分出来。现代生活中，园凳座椅经常作为户外活动的休息工具，提供交流服务，同时点缀周围的园林景观环境，具备一定的趣味性。在不同地域场景中，塑造不同造型的园凳座椅会使户外生活体验感更强，增强人们的地域亲切感和归属感。

根据园凳座椅的属性与设置的位置，可以将其功能划分为景观功能、实用功能、空间划分及延续功能。

7.1.1 景观功能

（1）组景作用

园凳座椅位置的设置与周围的环境构成和谐的整体，同时与建筑的形与色协调搭配，增加园林艺术设计的美感，提高观赏性。

（2）美化景观作用

园凳座椅经过精致的雕琢打磨、赋予文化图案，成为一个景观元素。其造型、色彩经过设计与环境恰当组合，融为一体，提升景观效果（图 7-1-1）。

（3）点缀景观作用

园凳座椅的交错安置在整体景观中形成视觉焦点，可以打破街道、钢筋混凝土的刻板和朴素感。

图 7-1-1　园凳座椅美化景观

7.1.2　实用功能

（1）休息作用

园凳座椅的设计是为了方便人们的起居驻足，设置在公园、广场、小区、街道旁皆是为了提供便利的休息场所（图 7-1-2）。

图 7-1-2　园凳座椅提供休息场所

（2）保护作用

园凳座椅形式上能够自由设计，有圆形、半圆形、椭圆形、方形、弧形等，设计成一定高度后在空间上进行围合，既满足人们休憩的需求，又能够对局部空间进行隔离或保护。

（3）引导作用

园凳座椅的外形可塑性强，能够线性布置，使漫长或弯曲不一的道路形成方向性指引，既提供休息的位置，又为行人指引道路走向（图 7-1-3）。

图 7-1-3　园凳座椅提供引导

7.1.3　空间划分及延续功能

　　园林景观空间呈现出多变性和多样性，动感较强，有节奏感和韵律感，空间形式较开放。园凳座椅在位置分布、造型设计上也可以从空间划分及延续的角度考虑，丰富设计者的构思。

　　园凳座椅的空间分布可以产生一个界限明确、富有层次变化的独立空间，突出局部空间的界定性，有一定的围护效果，给人以安全感，中心突出，主次分明。同时，也可以与其他场景在空间上相互渗透、穿插交错，使得空间层次变化较大，节奏感和韵律感较强，有活力，有趣味。

　　空间的划分并不是随意进行的，要考虑空间的延续性。空间延续分为空间承接和空间重构。空间承接是指保护旧空间关系或发掘场地蕴含的价值，体现当代人对城市地域特色和生活记忆的尊重；空间重构是根据现实问题做针对性改变，改变原有空间体验，使其向良性方向发展。

7.2　园凳座椅的选址

　　园凳座椅安置要考虑所处的空间环境，不同环境需要不同造型和色彩的园凳座椅。设计者在进行园凳座椅的选址时，既要发挥园凳座椅的功能，也要保证其所处位置的合理性。这些内容具体体现在以下几个方面。

7.2.1　位置选择

　　园凳座椅的位置主要设置在道路两侧、广场周边、游憩建筑室内外空间、山腰台地、林荫之下、山巅空地、水体沿岸及服务建筑近旁等。路旁园椅不宜紧靠路边设置，需退出一定的距离，以免妨碍人流交通。园路旁设置园凳座椅，并以植物适当隔离，形成较安静的环境，背向园路或辟出小段支路设置圆凳座椅，可避免人流及视线干扰。

① 位于道路两侧的位置：设置时宜交错布置，切忌正面相对，否则会造成相互影响。

② 位于道路的转弯处：设置时应开辟出一个小空间，以免影响游人通行。

③ 位于对称规则式小广场：一般宜在广场边缘布置园椅，有利于观赏中心景物并使人流通畅（图 7-2-1）。

图 7-2-1　园凳座椅对称分布

④ 位于不规则的小广场上：设置时应考虑广场的形状，以不影响景物并保证人流路线的通畅为原则，形成自由活泼的空间效果。

⑤ 位于道路的端头处：设置时可形成小型活动聚会空间，或构成较安静的空间，不受游人干扰。

⑥ 与建筑的室内外空间结合：可设于两柱之间，也可通过花池或建筑的外墙向外延伸。

7.2.2　设计原则

① 考虑气候因素影响，如温热地区宜将园凳座椅设置在通风良好之处，如树荫之中，以迎轻风、避免暴晒。北方宜将园凳座椅设置在背风向阳、小气候良好的环境之中。北方寒冷，园凳座椅应尽量选用传热系数小的材料。

② 考虑游人的心理因素，及不同年龄、性别、职业、性格爱好等。如有人爱独处，喜欢安静休息，有人爱热闹，有人需要较私密的环境，等等。

③ 材料的选择应遵循美观、耐用、实用、舒适、环保的原则。

④ 形状应考虑就座时的舒适感，应有一定曲线、椅面宜光滑、不存水。

⑤ 选材要求容易清洁、表面光滑、导热性好，椅前放落脚的地面应防被踩踏成坑而积水，不便落座。

7.2.3 布置方式

（1）直线排列

直线排列是最为常见的布置方式。沿道路一边、广场边界、步行街中心轴等一字排开形成一条断断续续的直线（图7-2-2）。在对称式构图的景观中，延景观轴方向在两边结合园灯、垃圾桶等设施，按序直线放置座椅座凳。直线排列坐凳，能使每个就座者的视野范围达到最大，利于就座者观看不同方位的人物和景观，适合放置在人流量较大的繁华商业街。

图 7-2-2　直线排列

（2）曲线排列

一般来说，当人们面与面之间的角度等于或大于180°时，就会给交流带来不便，同时也会减少陌生人之间的目光干扰；相反，当两人面与面之间的角度小于180°时，则会方便谈话，同时也会促使目光的交流。曲线排列坐凳，可以促进人们之间的互动（图7-2-3）。

（3）聚拢排列

各种形式的坐凳放置在一起，形成景点，如图7-2-4所示。人们可以选择自己

图 7-2-3　曲线排列

图 7-2-4　聚拢排列

想要的位置坐下，融入周围的环境。这种排列方式很适合小团体活动。园林景观中最为常见的聚拢形式是四个坐凳或者更多的坐凳围绕着一张石桌放置开来。园林中的亭子也是一种坐具的聚拢排列形式，将人们聚拢在比较小的休憩空间中。

7.3 园凳座椅的常用材料

（1）金属

金属材料具有较好的韧性、弹性及可塑性，耐久但散热性差，多与其他材料结合使用，从而在造型上产生独特的艺术美感。铝合金、小口径钢管等可加工成轻巧、曲折的造型，可以很好地满足园林风格和休憩空间的需要，在现代公园中使用越来越广泛。

（2）钢筋混凝土

钢筋混凝土材料的园凳座椅及辅助坐具在目前的园林景观中十分常见。其属于建筑材料，可就地取材加工成坐具，造价成本低且坚固耐用，是一种较为传统的做法。适用于广场、路边，廊、花架等游憩性建筑的两柱间，如园林景观中模拟树桩形状的坐凳，以及仿造古典园林中的石凳、石桌等。

（3）砖材

坚固耐久，增加景观效果，通常和其他材料结合使用，适用于花坛、挡土墙中设置的园凳。

（4）塑料

塑料加工容易，可大量生产，价格便宜，且容易着色，一般适宜做园椅的面，其他坚固的材料制成基座。但塑料耐热性较差，容易老化，强度和耐久性也较差。而园椅是长期使用的，为了更好地利用塑料，往往与混凝土相结合形成复合材料，以增强材料的强度。

（5）石材

石材的抗压性、抗冲击性及防腐性强，装饰效果较佳。石材中的大理石和花岗岩等，质地细密、花纹多样、色泽美观，也常用于现代园林景观中。但是它的缺点是夏烫冬冰，不适合长时间坐在上面休息，所以一般用于休闲园椅的基体、支架（图7-3-1）。

（6）木材

木材是家具中使用最多、最受欢迎的材料。木材质地轻、强度较大、易造型、亲和力强，塑造方便、清爽，舒适触感好，但不耐磨、易旧，适合用在木质的亭、廊、花架等游憩性建筑的两柱间设置的坐凳、靠背椅或古典园林中。用于园林景观坐憩设施的木质椅，一般造型简单大方、经济适用。

图 7-3-1　石材园凳座椅

（7）混合新型材料

混合材料即由两种或两种以上材料混合而成的复合材料，如塑木。

塑木是由塑料和木屑按 1∶1 比例混合制成的一种可以代替木材的新型环保材料。它结合了木材和塑料的优点，保持了实木的亲和性，又具有良好的防潮耐水、耐酸碱、抑真菌、抗静电、防虫蛀等性能。塑木可代替天然木材，它的推广可大量减少树木的砍伐，有效保护生态环境。图 7-3-2 为塑木材料的园林座椅，外观与木材十分相似。

图 7-3-2　塑木座椅

7.4 园凳座椅的样式

在园林景观中，园凳座椅的样式可以按照材料和形状进行分类。

7.4.1 按材料分

按材料进行分类，主要分为木结构、钢结构和石材坐凳等，不同材料各有优劣。木结构坐凳舒适、触感好但是不耐磨且易旧，后期维护成本较高；钢结构坐凳耐久却散热差；石材坐凳坚硬耐久但久坐容易产生不舒适感。具体参见 7.3 中的内容。

7.4.2 按形状分

按照形状分类，大体来讲有自然式和规则式两种。自然式的外形轮廓不构成规则的几何图形，规则式的外形轮廓为规则的几何图形。规则式的园凳座椅很多，一般有方形、圆形、弧形和异型园椅。方形园椅形状规则简易，圆形园椅一般将种植池和园椅两个功能相结合，弧形园椅具有线条美感，异型园椅更能吸引游人的目光。

① 由长方形、方形等直线元素构成的园椅制作简单，造型简洁。下部可带有向下倾斜的腿，扩大脚底面积，能给游人一种稳定的平衡感与安全感。

② 由环行、圆形等曲线元素构成的园椅柔和丰满、自然流畅、婉转曲折、和谐生动，带给游人变化多样的艺术感受。

③ 直线和曲线元素组合构成的园椅有刚柔并济、形神兼备的特点，富有对比的变化，做成传统的亭廊靠椅，也别有神韵。

④ 仿生形与模拟形借助生活中某种生物形体的启示，模拟生物构成，运用力学原理，进行造型设计。

7.5 园凳座椅施工图绘制与实例

7.5.1 施工图绘制要点

园凳座椅的施工图图纸表达其构件不同角度的尺寸、材料及做法。构件造型比较复杂时，需要从多个角度，用多张图才能完整表达。园凳座椅施工图一般包含平面图、立面图、剖（断）面图、节点放大图。平面图表示园凳座椅的平面布置、各部分的平面形状;立面图表现园凳座椅的立面造型及主要部位的高度;剖(断)面图表示园凳座椅某处的内部构造及结构形式、断面形状、材料、做法和施工要求。

7.5.2 施工图绘制步骤

(1)平面图

平面图表示园凳座椅整体的平面形状和大小。确定好绘图比例和绘图线型,主要构造轮廓线以实线绘制,尺寸线、图例线等用细实线绘制。以地平面为基准面,将园凳座椅地上部分沿铅垂线方向投影到地平面上,然后按比例绘制图形,最后标注其平面尺寸、材料等。

(2)立面图

表示园凳座椅的立面造型及主要部位的高度,能充分表示出外观造型效果。根据园凳座椅形体的大小选择合适的绘制比例,通常情况下与平面图相同。确定绘图线型(同平面图)后选择视立面,再以地平线为基准线,按标高和尺寸在基准线以上将坐凳立面的造型按比例完整绘制出来。最后标注其立面尺寸、标高及可视的立面装饰材料等。

(3)剖(断)面图

表示园凳座椅内部构造及结构形式,断面的形状、材料、做法和构造做法。剖面图与平面图、立面图相配合,可以完整表达坐凳的施工工艺及结构的主要内容。剖面图在比例的选择上一般应与平面图和立面图相同。剖切位置一般选择内部构造具有代表性和空间变化较复杂的部位,并且要在平面图中表示出剖切符号。确定好剖切位置和方向,再以地平线为基准线,按标高和尺寸,在基准线以上将园凳座椅内部的结构形式、断面形状等按比例完整绘制出来;在基准线以下将园凳座椅基础内部结构形式、断面形状等按比例完整绘制出来;然后绘制出未剖切到的部位;最后详细标注其尺寸、标高、材料组成、做法及工艺要求等。

(4)大样图

针对施工工艺复杂的部分,应绘制大样图,以反映细部尺寸、材料种类和构造做法。先确定需绘制大样图的部位,并做好索引标注;再按比例将该部位单独放大,详细绘制出其结构形式、花纹图案等;最后详细标注其尺寸、标高、材料组成、做法及工艺要求等。

7.5.3 施工图实例

(1)实例一:

本实例实景图如图 7-5-1 所示,其全套施工图如图 7-5-2 所示。

图 7-5-1 园凳座椅一实景图

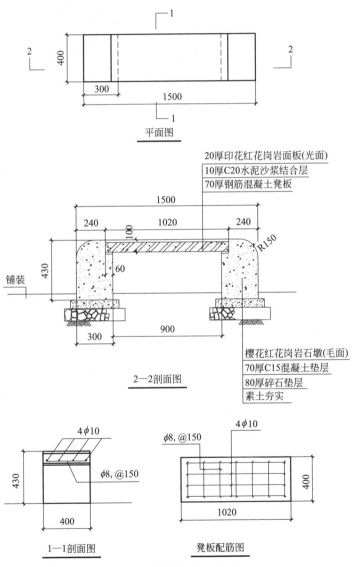

平面图

20厚印花红花岗岩面板(光面)
10厚C20水泥沙浆结合层
70厚钢筋混凝土凳板

2—2剖面图

櫻花红花岗岩石墩(毛面)
70厚C15混凝土垫层
80厚碎石垫层
素土夯实

1—1剖面图

凳板配筋图

图 7-5-2 园凳座椅一施工图（全套）

（2）实例二：

本实例实景图如图 7-5-3 所示，其全套施工图如图 7-5-4 所示。

图 7-5-3　园凳座椅二实景图

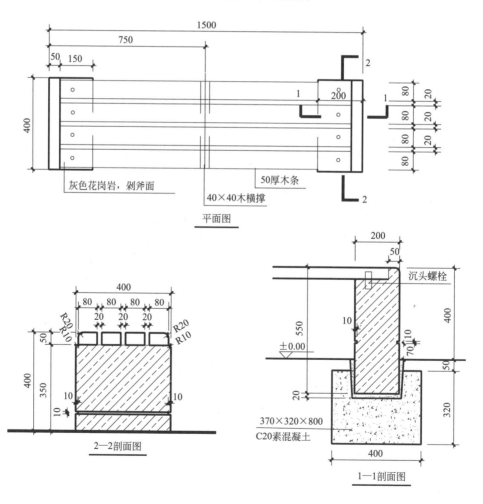

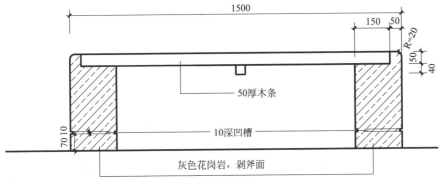

坐凳立面图

1500

150　50

R=20

50

40

50厚木条

10深凹槽

70 10

灰色花岗岩,剁斧面

说明:木凳上沉头螺栓窝入木2mm,腻子找平;
木条留本色,外刷两遍清漆。

图7-5-4　园凳座椅二施工图(全套)

7.6　砖砌体结构园凳施工

某村庄祠堂前有一休闲广场,为保证村民在广场中活动时有足够的休息设施,在广场周边设置了园凳,同时与花池、景墙结合在一起打造了比较有特色的景观,让村民在休息的同时可以欣赏周边的景色(图7-6-1)。根据园凳的结构及施工技术要求,正确进行施工。

图7-6-1　某坐凳实景图

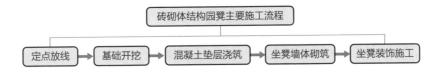

砖砌体结构园凳主要施工流程

定点放线　→　基础开挖　→　混凝土垫层浇筑　→　坐凳墙体砌筑　→　坐凳装饰施工

7.6.1 定点放线

根据广场在村庄总平面图中的圆心坐标，应用 RTK 测放该广场的中心坐标点（图 7-6-2）。定点完毕后用木桩或钢筋施打定位桩。然后利用 RTK 继续测放园凳、花池、景墙等位置的坐标，同时用白灰将测放的坐标点连成整体，形成园凳、花池的基础轮廓线（图 7-6-3）。

图 7-6-2　RTK 放线　　　　　　　图 7-6-3　园凳放线

7.6.2 基础开挖

定点放线完成后，安排机械进场，用挖机对放线位置进行开挖。由于施工现场原有桂花等植物，因此在开挖前由工人及机械将其挖开，并进行假植处理。待大树处理完毕后，现场开挖时，先将现场杂物清除并外运至垃圾堆放场地。然后再进行基础的开挖（图 7-6-4）。开挖出来的土方堆叠在场地周边，后期作为花池种植土或者回填土。开挖过程中，应随挖随测标高，防止出现超挖导致基础土方密实度不足，以致后期造成沉降。挖机挖完后，由人工进行细部整理并测设坐标及放线，方便后期施工。

7.6.3 混凝土垫层浇筑

基础开挖放线完成后，进行基础垫层的施工。浇筑混凝土前，根据园凳基础的结构图计算出基础垫层的标高，然后用水准仪测设垫层完成面标高，并在木桩上用红蓝笔做记号。混凝土进场后将混凝土卸料至斗车，然后运至平整好的场地上翻斗卸料，人工将混凝土摊平（图 7-6-5）。混凝土全部摊平后，用平板振动器将混凝土振捣密实，并由人工将混凝土面修平整。待混凝土凝结后，洒水养护。

图 7-6-4　园凳基础开挖

图 7-6-5　人工摊平混凝土

7.6.4　坐凳墙体砌筑

　　基础垫层混凝土养护到位后，根据图纸中坐凳基础的尺寸及位置，根据起始测放的圆心点坐标，以及坐凳位置的圆弧半径将坐凳等位置的边线定位出来，然后由工人沿着测放的线进行墙体砌筑。该园凳平面图形为圆弧形，采用全丁砖的形式进行砌筑。砌筑前，用水准仪将墙体位置取几个点核对场地地面标高，通过对比确定第一层砖面的标高。砌筑时，为保证后期墙体的水平，根据核对后确定的第一层砖面标高利用水准仪将园凳基础第一层砖测设到同一个标高，地面高低位置用砂浆进行找平（图 7-6-6），并确定第一层砖的砖面距园凳完成面的高度。然后根据园凳的完成面高度依次完成园凳基础（图 7-6-7）及墙体的砌筑（图 7-6-8）。

图 7-6-6　园凳基础找平

图 7-6-7　园凳基础砌筑

图 7-6-8　园凳墙体砌筑

注意事项：砌筑时，应严格控制好坐凳砖面的完成面标高，防止砖面超高影响后期的施工。砌筑完成后，应洒水养护，增加砖墙的黏结力。

7.6.5　园凳装饰施工

待所有墙体砌筑完成后，用水准仪测设园凳的完成面标高。由于园凳平面是弧形面，所以砖墙上应多设置几个完成面的标高点（图 7-6-9），以方便后期工人完成压顶的安装。安装前，为保证压顶石与砖面粘接牢固，应先打扫砖面卫生，并将园凳面全部浇水湿润，然后将拌制好的水泥砂浆摊铺在园凳面上作为找平结合层。压顶石安装时，根据测设的标高先完成端头及中间测设点位置压顶石的预安装，调整水平、标高，确认无误后将白线挂在预安装好的压顶石上，然后根据白线的标高完成中间压顶石的安装（图 7-6-10）。完成所有装饰后进行卫生清理及成品保护工作。

注意事项：为保证压顶石的安装标高和水平，在安装过程中应持续测量压顶石的标高。

图 7-6-9　测量园凳压顶标高

图 7-6-10　安装园凳压顶石

7.7 防腐木结构园凳施工

　　某村庄有一健身活动广场，为保证村民在广场中活动时有足够的休息设施，故在广场周边设置了树池园凳（图 7-7-1），让村民可以在广场中健身，同时在炎炎夏日村民可以坐在大树下乘凉，一边聊天，一边欣赏周边的景色。根据园凳的结构及施工技术要求，正确进行施工。

图 7-7-1　防腐木结构园凳实景图

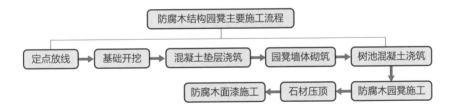

7.7.1　定点放线

　　由图纸得知该树池园凳的平面为圆形，所以放线时只需要将圆心坐标测放出来即可。用全站仪将圆心坐标（3148396.905，39429188.733）（图 7-7-2、图 7-7-3）测放到施工场地，用钢筋施打定位桩，后期施工时树池放线以钢筋点为圆心，以树池的内圆半径（1600mm）、外圆半径（2400mm）进行树池的平面放线，并用白灰标记。

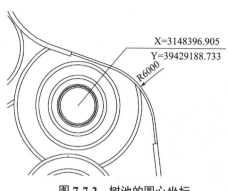

图 7-7-2　树池的圆心坐标

图 7-7-3　现场测设树池的圆心坐标

7.7.2　基础开挖

根据树池结构设计及白灰放线的位置，安排挖机开挖基础。开挖面应大于放线位置，以方便后期施工。开挖后，由人工整平、夯实基础面，根据树池结构放出基础轮廓线。

7.7.3　混凝土垫层浇筑

混凝土垫层浇筑前加工薄模板，在树池内外圆的位置按照圆弧压弯并支设模板，用钢筋头内外固定模板，防止模板移位。

模板定位后，安排混凝土进场进行浇筑作业。具体操作流程与砖砌体结构园凳相同。

7.7.4　园凳墙体砌筑

砌筑前，应从石料中选取大小适宜的石块，并以一个面作为墙面。根据墙体的位置及厚度，在基础顶面上放线。

毛石墙的第一层石块以及最上一层石块应选用较大的平毛石砌筑。第一层大面向上，最后一层大面向下。其他各层要做到相互交叉，搭接紧密。上下两层要错缝，内外搭接。毛石墙体灰缝应控制在 20～30mm，每隔 1～2m 左右需设置拉结石。拉结石应均匀分布，相互错开。

注意事项：若墙厚等于或小于 40cm，拉结石的长度应等于墙厚；若墙厚大于 40cm，则可用两块拉结石内外搭接，搭接长度不小于 15cm，且其中一块长度不小于墙厚的 2/3。

图 7-7-4 园凳墙体砌筑

7.7.5 树池混凝土浇筑

墙体砌筑完成后，根据图纸结构设计进行上部混凝土浇筑。浇筑前，按照树池的上部尺寸加工模板，进行模板拼接安装并加固安装到位。浇筑混凝土前浇水湿润模板，然后卸料浇筑混凝土。混凝土振捣密实后，将采购好的 ϕ60mm 混凝土防腐木纹栏杆每隔 500mm 按照图纸中的位置预埋进混凝土中。待混凝土达到设计强度后，拆除模板并洒水养护不少于 7 天。然后安装 40mm×50mm 厚混凝土防腐木纹栏杆。

7.7.6 防腐木园凳施工

施工流程为：弹设水平线→防腐木上清（底）漆→防腐木加工制作→龙骨施工→面板施工→面板倒角处理。

（1）弹设水平线

施工前，先在混凝土上测量标高，弹出水平墨线以便后期施工。然后根据图纸计算出所需防腐木的数量，将相应数量的防腐木清点出来。

（2）防腐木上清（底）漆

上清漆前须将防腐木表面用细砂纸打磨，并擦净至表面光滑。防腐木表面如有纤维，可用木砂纸 P240 或以上轻轻地砂光。清漆使用前充分搅拌均匀，无须稀释；若产品黏度偏高，也可兑入少量专用稀释剂，加入量不宜超过 10%。刷涂需使用软棕毛刷，沿木材纹理方向均匀、薄薄地刷一遍，刷完后去除多余木蜡油。涂刷量一定要少，不可涂得过厚。

注意事项：防腐木表面不是很平整，所以要打磨一下才能刷漆，但是需注意不要过分追求平整而打磨过头了，因为打磨太多会导致防腐木失去防腐功能。

（3）防腐木加工制作

根据园凳的形状及尺寸将 50mm×50mm 厚的樟子松龙骨加工成 400 ~ 500mm 长；150mm×50mm 厚樟子松加工成 450mm 长的靠背板；500mm 长的面板数量根据树池园凳的大小调整。

（4）龙骨施工

园凳龙骨施工前，应先测设龙骨安装标高，调整标高保证处于同一水平面。将加工好的龙骨摆放在砂浆面上进行预排，确保排列无误后使用枪钉枪将木龙骨依次固定在砂浆面上。龙骨固定后，再使用三角支撑将龙骨进行加固固定，防止龙骨出现松动。

（5）面板施工

接下来开始制作安装园凳面板。先将加工好的面板摆放在龙骨上进行预排，调整面板的间距及水平标高。待调整平整后用枪钉枪施打枪钉固定园凳面板，依次完成所有面板的固定。

（6）面板倒角处理

所有面板固定完成后，根据图纸设计要求，统一使用磨光机将坐凳面外围一侧进行倒圆角处理，使人坐在上面感觉更舒适。

7.7.7　石材压顶

根据园凳靠背顶面标高测定压顶石的完成面高度。压顶石安装前先将混凝土面浇水湿润，然后在顶面上摊铺适量的水泥砂浆。在石片上均匀抹涂素水泥浆，然后铺贴在砂浆上，使用橡胶锤敲击石片，调整压顶石的标高、水平等，确保石片完成面标高符合设计要求。然后依次完成所有压顶石的安装施工。

7.7.8　防腐木面漆施工

待压顶安装完成后，将整个坐凳面卫生清扫干净再进行防腐木面漆施工。施工前，先将枪钉眼位置用腻子补平，待腻子干燥后用砂纸打磨。然后将枪钉眼和倒角位置重新刷一遍底漆，待底漆干燥后，将整个园凳外露部分刷 1 ~ 2 遍面漆。面漆涂刷操作与底漆涂刷操作的要点相同。

复习思考题

① 园凳座椅的实用功能有哪些?

② 园凳座椅的选址应考虑哪些方面?

③ 园凳座椅的常用材料有哪些?

④ 园凳座椅在设计时应注意哪些设计要点?

⑤ 简述砖砌体结构园凳施工的主要施工流程。

⑥ 简述防腐木结构园凳施工的主要施工流程。

参考文献

[1] 唐登明，顾春荣. 园林工程 CAD［M］. 北京：机械工业出版社，2020.

[2] 陈科东. 园林工程技术［M］. 北京：高等教育出版社，2012.

[3] 孟兆祯. 风景园林工程［M］. 北京：中国林业出版社，2012.

[4] 赵兵. 园林工程［M］. 南京：东南大学出版社，2011.

[5] 马青. 园林建筑材料与构造［M］. 重庆：重庆大学出版社. 2019.

[6] 胡长龙. 园林规划设计［M］. 3 版. 北京：中国农业出版社，2010.

[7] 胡长龙. 环境小品设计［M］. 重庆：重庆大学出版社，2016.

[8] 过伟敏，史明. 城市景观艺术设计［M］. 南京：东南大学出版社，2011.

[9] 张颖璐. 园林景观构造［M］. 南京：东南大学出版社，2019.

[10] 刘彦琢. 关于风景园林工程施工图审查的思考［J］. 中国园林，2011，（05）：95-98.

[11] 杜春兰. 园林景观材料［M］. 重庆：重庆大学出版社，2016.

[12] 陈远吉，李春秋. 看图快速学习园林工程施工技术——园林古建筑工程施工［M］. 北京：机械工业出版社，2014.

[13] 张树民. 园林工程［M］. 北京：航空工业出版社，2013.

[14] GB 15J012-1. 环境景观——室外工程细部构造.

[15] 张金炜. 园林硬质景观施工技术［M］. 北京：机械工业出版社，2012.

[16] 周代红. 园林景观施工图设计［M］. 北京：中国林业出版社，2010.

[17] 孙蕾，王安琪，柴虹. 建构华夏：图解中国古建筑［M］. 桂林：漓江出版社，2019.

[18] 李慧峰. 园林建筑设计［M］北京：化学工业出版社，2011.

[19] 徐哲民. 园林建筑设计［M］北京：机械工业出版社，2013.

[20] 郭宇珍，高卿. 园林施工图设计［M］北京：机械工业出版社，2018.

[21] 石宏义，刘毅娟. 园林设计初步［M］北京：中国林业出版社，2018.

[22] 戴秋思，杨玲. 古典园林建筑设计［M］重庆：重庆大学出版社，2014.

[23] 康红涛. 胜境作亭 诗情画意——拙政园三亭造境研究［J］西安建筑科技大学学报（社会科学版），2022，（03）：39-45.

[24] 邹俊攀，胡华. 苏州古典园林亭的景观营造分析［J］安徽建筑，2022，（03）：10-13.

[25] 04J012-3. 环境景观：亭廊架之一.

[26] 吴戈军. 园林工程材料及其应用［M］. 2 版. 北京：化学工业出版社，2019.

[27] 张青萍. 园林建筑设计［M］. 2 版. 南京：东南大学出版社，2017.

[28] 刘福智，孙晓刚. 园林建筑设计［M］. 重庆：重庆大学出版社，2013.

[29] 文益民. 园林建筑材料与构造［M］. 北京：机械工业出版社，2011.

[30] 朱燕辉. 园林景观施工图设计实例图解［M］. 北京：机械工业出版社，2018.

[31] 成玉宁. 园林建筑设计［M］. 北京：中国农业出版社，2009.

［32］王文婷. 基于地域文化的景观园椅园凳设计研究——以福州市为例［D］. 福州：福建农林大学，2018.

［33］徐小莲. 中国园林景观中的坐具研究［D］. 苏州：苏州大学，2012.

［34］王亚东. 江南园林中廊、亭设计理法研究及其现代应用分析［D］. 邯郸：河北工程大学，2019.

［35］李聪. 江南园林廊亭研究［D］. 重庆：重庆大学，2011.